7판

# 일반 물리학 실험

GENERAL PHYSICS EXPERIMENT

저자 소개

## 부산대학교 물리학교재편찬위원회

강해용   계범석   김복기   김지희   문한섭   박성균
안재석   양임정   옥종목   유인원   이재광   이주연
이창환   임상훈   정광식   정윤철   정진유   진형진
차명식   홍덕기   황춘규   김청식   이경록

# 일반 물리학 실험 7판

**7판 발행**  2025년 2월 14일

**지은이** 부산대학교 물리학교재편찬위원회
**펴낸이** 류원식
**펴낸곳** 교문사

**편집팀장** 성혜진 | **책임진행** 윤정선 | **디자인** 김도희 | **본문편집** 북이데아

**주소** 10881, 경기도 파주시 문발로 116
**대표전화** 031-955-6111 | **팩스** 031-955-0955
**홈페이지** www.gyomoon.com | **이메일** genie@gyomoon.com
**등록번호** 1968.10.28. 제406-2006-000035호

**ISBN** 978-89-363-2638-8(93420)
**정가** 17,000원

7판

# 일반 물리학 실험

## GENERAL PHYSICS EXPERIMENT

부산대학교 물리학교재편찬위원회 지음

교문사

GENERAL
PHYSICS
EXPERIMENT

# 머리말

일반 물리학 실험은 일반 물리학을 공부하는 학생들이 물리학의 기본원리를 체계적으로 이해하기 위한 중요한 과정이다. 대학에서 개설되는 여러 실험 실습 과목을 이수하기 위한 준비 단계로서뿐만 아니라 미래에 공학자나 과학자가 되려면 반드시 필요한 기초적인 실험 및 분석 방법을 제공하므로 이공계 학생들이 필수로 수행해야 하는 과목이다.

이 실험 교과서의 실험 종목들은 일반 물리학 이론수업에서 강의되는 각 단원의 중요한 주제를 중심으로 편성하였다. 일반 물리학 실험 I은 주로 역학에 대한 실험이며, 일반 물리학 실험 II는 전자기학 및 광학에 대한 실험 종목으로 이루어져 있다. 또한 많은 실험기기가 디지털화되는 현시대의 흐름에 맞추어 디지털 카메라 및 컴퓨터 응용프로그램을 사용하는 실험 종목들을 개발하여 이에 대한 매뉴얼을 교재 후반에 별도로 편성하였다. 또한 부록에는 이 실험에 필요한 주요 측정 장비와 전자기기들의 사용법에 관해 설명하였고, 주요 기본 물리 상수를 비롯한 여러 물질의 성질을 나타내는 상수에 대해서도 소개하였다.

오차론은 실험에서 얻은 기초적인 자료로부터 올바른 결론을 끌어내는 데 기본적으로 필요한 과학적인 방법을 제공한다. 이로부터 학생들에게 실험 결과를 올바르게 분석하는 방법을 알게 할 뿐만 아니라 과학윤리에 대한 가치관을 심어주는 데 많은 기여를 할 것으로 기대된다. 따라서 오차론은 모든 실험 실습 과목에서 중요하게 적용되어야 하며, 학기 초에 일반 물리학 실험에서만 오차론이 적용되고 이후에는 도외시되는 일이 없기를 바란다. 오차론은 대학 1년생의 수준을 넘는 내용도 포함하고 있으나 용어와 설명 방법 등을 많이 수정하여 학생들이 보다 쉽게 이해할 수 있도록 노력하였다.

책의 발간과 교정을 위해 도움을 주신 부산대학교 물리학과 구성원들에게도 고마움의 말씀을 전한다. 이 책이 보다 좋은 교재로 발전하기 위하여 학생 여러분의 끊임없는 비판과 충고를 부탁드리며, 아울러 이를 바탕으로 계속해서 수정 · 보완할 것을 약속한다.

2025년 1월
부산대학교 물리학교재편찬위원회

CONTENTS

# 차 례

PART 01

## 일반 물리학 실험 I : 기초 역학 실험

| | | |
|---|---|---|
| 01 | 오차론 | 10 |
| 02 | 길이 측정 | 27 |
| 03 | 자유낙하 운동 | 34 |
| 04 | Tracker 프로그램을 사용한 자유낙하 운동 | 41 |
| 05 | Tracker 프로그램을 사용한 포물선 운동 | 51 |
| 06 | 힘의 평형 | 60 |
| 07 | Tracker 프로그램을 사용한 힘과 가속도 | 67 |
| 08 | Tracker 프로그램을 사용한 선운동량 보존 법칙 | 76 |
| 09 | 원운동과 구심력 | 87 |
| 10 | 스마트 타이머를 활용한 원운동과 구심력 | 96 |
| 11 | 회전운동과 관성모멘트 | 103 |

PART 02

# 일반 물리학 실험 II : 기초 전자기 실험

**12**   전자기기 사용법 (1)                                    114

**13**   전자기기 사용법 (2)                                    122

**14**   직류회로                                              126

**15**   축전기의 충전과 방전                                    133

**16**   전류저울                                              142

**17**   전류가 만드는 자기장                                    151

**18**   유도 기전력                                           161

**19**   교류회로                                              172

**20**   슬릿에 의한 빛의 간섭과 회절                            184


**부 록**

A   오실로스코프                                              196

B   직류 전원 장치                                            205

C   멀티미터                                                 207

D   함수발생기                                                210

E   스마트 계시기                                             212

F   단위 환산표, 기본 물리 상수, 물질의 물리적 성질              215


참고문헌                                                     225

CHAPTER 1.    오차론

CHAPTER 2.    길이 측정

CHAPTER 3.    자유낙하 운동

CHAPTER 4.    Tracker 프로그램을 사용한 자유낙하 운동

CHAPTER 5.    Tracker 프로그램을 사용한 포물선 운동

CHAPTER 6.    힘의 평형

CHAPTER 7.    Tracker 프로그램을 사용한 힘과 가속도

CHAPTER 8.    Tracker 프로그램을 사용한 선운동량 보존 법칙

CHAPTER 9.    원운동과 구심력

CHAPTER 10.    스마트 타이머를 활용한 원운동과 구심력

CHAPTER 11.    회전운동과 관성모멘트

PART

# 01

일반 물리학 실험 I :
## 기초 역학 실험

# CHAPTER 1

# 오차론

## 1. 오 차

어떤 물리량을 측정할 때 측정값과 참값의 차이를 오차(error)라 하며 다음과 같이 정의한다.

$$\text{오차} = \text{참값} - \text{측정값} \tag{1.1}$$

측정의 목적은 참값을 알기 위한 것이지만 완전한 참값은 알 수 없는 경우가 대부분이며, 때로는 협약으로 정해진 참값(협정참값)을 사용하기도 한다. 오차의 크기가 작을수록 측정이 정확한 것을 나타낸다. 참값을 알고 있는 경우에 측정값의 정확도(accuracy)를 상대오차로 나타내는데, 식은 다음과 같다.

$$\text{상대오차} = \frac{\text{오차의 크기}}{\text{참값의 크기}} \times 100(\%) \tag{1.2}$$

여기서, 상대오차는 퍼센트(%)로 표시한다.

॥ 때로는 같은 물리량을 서로 다른 두 가지 방법으로 측정하거나, 평형 상태에 있는 두 힘의 크기를 각각 따로 측정하는 것처럼 같은 값으로 나오기를 기대하는 두 측정 결과를 서로 비교할 때도 있다. 같은 값으로 나오기를 기대하는 두 개의 측정 결과가 얼마나 비슷한가 하는 척도를 백분율차(percentage difference)로 나타내는데, 이때는 참값 대신 두 값의 평균을 취해서 분모로 둔다.

$$\text{백분율} = \frac{|\text{측정값}1 - \text{측정값}2|}{\left(\dfrac{\text{측정값}1 + \text{측정값}2}{2}\right)} \times 100(\%)$$

## 2. 오차의 종류

① **계통오차(systematic error)** : 계통오차는 반복 측정에도 크기와 부호가 변하지 않는 오차다. 계통오차는 크기와 부호를 추정할 수 있으므로 보정할 수 있으며, 발생 원인은 다음과 같다.

- 계기오차 : 측정계기의 불완전성 때문에 생기는 오차
- 환경오차 : 측정할 때 온도, 습도, 압력 등 외부환경의 영향으로 생기는 오차
- 개인오차 : 개인의 습관이나 선입관이 작용하여 생기는 오차

② **우연오차(random error)** : 측정자가 주의해도 피할 수 없는 불규칙적이고 우발적인 원인에 의해 발생하는 오차를 말한다. 우연오차의 크기는 추정을 하거나 통계적인 방법으로 결정된다. 여러 번 반복 측정하여 평균값을 사용함으로써 우연오차를 작게 할 수는 있으나 보정할 수는 없다.

## 3. 측정 불확도

측정을 할 때 그 결과가 참값이거나 참값에 매우 가까운 값이 되기를 기대하지만 측정환경이나 측정계기의 분해능에 의한 측정 한계 등으로 측정값은 항상 어느 정도의 불확실성을 갖게 된다. 즉, 측정 결과로 결국 얻게 되는 것은 참값 그 자체가 아니라 참값이 존재할 가능성이 큰 영역인 것이다. 예를 들면, 몸무게를 측정해서 결과가 65 kg중으로 나왔다면 몸무게의 참값이 정확히 65.000… kg중이라고 생각하는 사람은 없을 것이다. 몸무게의 참값이 65 kg중에 가까운 값일 것이라는 추측을 할 뿐이며, 그 말은 몸무게의 참값은 65 kg중 근처의 어느 불확실한 영역 내에 있다는 말이 된다. 이 불확실한 정도를 나타내는 양을 측정 불확도(uncertainty of measurement)라고 하며, 측정 결과를 나타낼 때 측정값±측정 불확도의 형태로 측정값과 함께 표현한다.

측정 불확도의 중요성은 다음 예에서 알 수 있다. 중력 가속도 측정 실험에서 학생 A와 학생 B는 각각 $11.0 \text{ m/s}^2$과 $9.5 \text{ m/s}^2$의 측정값을 얻었다고 하자. 측정값만을 고려할 때 두 학생의 실험 결과가 서로 어떤 연관성이 있는지 전혀 알 수가 없다. 그러나 학생 A와 학생 B가 중력 가속도의 측정 결과를 불확도와 함께 각각 $11.0 \pm 1.5 \text{ m/s}^2$과 $9.5 \pm 0.5 \text{ m/s}^2$로 나타내었다고 하면 두 결과에서 $9.5 \text{ m/s}^2$부터 $10.0 \text{ m/s}^2$ 사이의 값이 겹치게 됨을 알 수 있다. 즉, 측정 결과를 불확도와 함께 나타냄으로써 두 측정이 연관성 있는 결과를 나타낸다는 것을 알 수 있게 된다. 이처럼 두 측정 결과를 비교하거나 측정 결과를 이론적인 예상과 비교할 때 측정 불확도는 반드시 필요하다.

## 4. 측정값과 유효숫자

측정값에서 자리를 나타내기 위하여 사용하는 0을 자릿수라 하며, 자릿수가 아닌 모든 숫자를 유효숫자라 한다. 예를 들면, 어떤 측정값이 0.0097이면 9 앞에 있는 0들은 자릿수이고 9와 7이 유효숫자다. 만약 측정값이 3,000이라면 3 뒤에 있는 0들은 자릿수인지 유효숫자인지 알 수가 없다. 그래서 유효숫자를 정확하게 나타내기 위해 과학적인 표시법을 쓰는데, 3,000에서 유효숫자가 1자리인 경우 $3 \times 10^3$, 유효숫자가 2자리인 경우 $3.0 \times 10^3$으로 표시하면 유효숫자를 정확하게 나타낼 수 있다.

　　다음의 유효숫자 계산 규칙은 나중에 설명할 오차의 전파에 의한 방법으로 계산된 결과를 정리하여 간단한 규칙으로 만들어진 것이다. 복잡한 계산 없이 간단하게 유효숫자로 처리할 수 있어 편리하게 사용할 수 있지만 보다 정확한 결과가 필요하면 오차의 전파에 의한 계산으로 구해야 한다.

### 1) 유효숫자의 덧셈과 뺄셈

근삿값의 덧셈과 뺄셈에서는 유효숫자의 끝자리 중에서 가장 높은 자리를 기준으로 정한다.

$$514.0 + 3.75 = 517.75 ≒ 517.8 \quad (계산\ 과정일\ 경우에는\ 517.75)$$
$$3.52 \times 10^3 - 2.3 \times 10^2 = (3.52 - 0.23) \times 10^3 = 3.29 \times 10^3$$

### 2) 유효숫자의 곱셈과 나눗셈

근삿값의 곱셈과 나눗셈에서는 유효숫자의 개수가 적은 쪽에 맞추어 계산한다.

$$5.2016 \times 7.14 = 37.1394 ≒ 37.1 \quad (37.14)$$
$$8.246 \div 3.2 = 2.577 ≒ 2.6 \quad (2.58)$$

### 3) 불확도의 유효숫자 표현

불확도의 유효숫자는 1개만 사용한다. 단, 불확도의 첫 번째 유효숫자가 1일 때는 두 개도 가능하다. 그리고 측정값과 불확도를 함께 표기할 때 측정값과 불확도의 마지막 자릿수를 일치시켜야 한다.

- 잘못된 표현 : $5.229 \pm 0.076\,\mathrm{g}$, $9.23 \pm 0.1\,\mathrm{kg}$, $3.5 \pm 1.36\,\mathrm{mm}$, $14.8 \times 10^2 \pm 0.5 \times 10^3\,\mathrm{mm}$
- 올바른 표현 : $5.23 \pm 0.08\,\mathrm{g}$, $9.2 \pm 0.1\,\mathrm{kg}$, $3.5 \pm 1.4\,\mathrm{mm}$ 또는 $4 \pm 1\,\mathrm{mm}$,
  $(1.5 \pm 0.5) \times 10^3\,\mathrm{mm}$

## 5. 측정 불확도의 추정

### 1) 눈금에 의한 측정 불확도

자로 길이를 재거나 눈금이 있는 저울로 질량을 측정하는 경우 최소눈금보다 더 정밀한 측정은 할 수가 없다. 일반적으로 이 같은 경우 불확도는 최소눈금으로 결정된다. 그림 1.1과 같이 펜의 길이를 최소눈금이 $1\,\mathrm{mm}$인 자로 측정하는 경우 펜 끝의 위치는 $44.5\,\mathrm{mm}$와 $45.5\,\mathrm{mm}$ 사이에 있게 된다.

따라서 펜 끝의 위치는 45.0±0.5 mm로 읽을 수 있다. 같은 측정 장치를 사용하더라도 눈금의 상태나 측정자의 기술에 따라 어림짐작으로 더 정밀하게 측정하여 불확도가 더 작아질 수도 있으며 반대로 불확도가 더 커질 수도 있다.

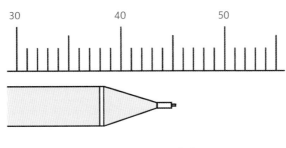

그림 1.1 펜의 길이 측정

## 2) 측정 불확도의 통계적 추정

계통오차의 원인을 파악하여 그 양을 충분히 작게 만들어서 측정값이 우연오차의 영향만 받는다고 가정하자. 그리고 우연오차로 인해 측정값들이 측정할 때마다 일정 범위 안에서 임의의 값을 가진다고 하자. 반복하여 측정한 총횟수를 $N$, $i$번째 측정한 측정값을 $x_i$, 참값을 $X$ 그리고 이때의 오차를 $\varepsilon_i$라고 하면, 이들의 관계는 다음과 같다.

$$\varepsilon_i = x_i - X \tag{1.3}$$

같은 조건에서 측정을 여러 번 되풀이할 때 오차 $\varepsilon_i$의 부호와 크기가 0을 중심으로 양과 음에 대하여 대칭적으로 나타날 것으로 기대되고 측정횟수 $N$이 무한히 크다고 하면 $\sum_{i=1}^{N} \varepsilon_i$는 0으로 접근한다. 따라서

$$
\begin{aligned}
\sum_{i=1}^{N} \varepsilon_i &= \sum_{i=1}^{N}(x_i - X) \\
&= \sum_{i=1}^{N} x_i - NX \\
&= 0
\end{aligned}
\tag{1.4}
$$

으로부터

$$X = \frac{1}{N}\sum_{i=1}^{N} x_i = \overline{x} \tag{1.5}$$

가 된다. 여기서 $\bar{x}$는 $N$번 측정한 측정값 $x_1$, $x_2$, $x_3$, ... , $x_N$의 산술평균이 된다.

이로써 무한히 많은 횟수의 측정값들을 산술평균하여 평균값을 구하면 참값을 얻을 수 있다는 것을 알 수 있다. 그러나 실제로 무한히 많은 횟수로 측정할 수 없으므로 제한된 횟수의 측정 결과를 표본으로 삼아 참값을 추정해야 한다. 그렇다면 이 경우 측정 불확도는 어떻게 나타내야 할까?

측정값들의 분포 정도를 나타내기 위하여 편차 $x_i - \bar{x}$를 사용한다. 편차의 절댓값을 평균한 값을 평균편차라 부르며, 이는 측정값이 평균값으로부터 얼마나 흩어져 있는가를 나타내고 다음 식과 같다.

$$D_A = \frac{\sum_{i=1}^{N} |x_i - \bar{x}|}{N} \tag{1.6}$$

하지만 통계적으로는 측정값들의 분포 정도를 나타내기 위하여 표준편차(standard deviation)를 주로 사용을 하는데, 표준편차는 다음과 같이 정의한다.

$$S_x^{\cdot} = \sqrt{\frac{\sum_{i=1}^{N} |x_i - \bar{x}|^2}{N}} \tag{1.7}$$

통계학 이론에 따르면 모집단의 표준편차를 추정하기 위한 표본 표준편차는 분모에 $N-1$을 사용하며 다음과 같이 나타낸다.

$$S_x = \sqrt{\frac{\sum_{i=1}^{N} (x_i - \bar{x})^2}{N-1}} \tag{1.8}$$

표준편차는 평균편차와 마찬가지로 측정값들이 평균값으로부터 얼마나 흩어져 있는가를 나타내므로 측정 불확도로 나타내기 적합하게 보일 수도 있다. 그러나 우리가 알고자 하는 측정 불확도는 각각의 측정값이 아닌, 그 앞에 표시된 평균값이 얼마나 참값에 가까이 있느냐를 나타내야 한다. 표준편차는 각각의 측정값이 얼마나 평균값 또는 더 나아가 참값에 가까이 있느냐를 표현하는 데 적합하겠지만 평균값이 얼마나 참값에 가까이 있느냐를 나타내지는 못한다. 예를 들면, 10회 측정하여 도출한 평균값보다 100회 측정하여 도출한 평균값이 참값에 더 가까우므로 측정 불확도가 더 작아야 하지만 표준편차로는 이 두 경우를 구분하지 못한다.

$N$회의 측정을 여러 번 실시하여 여러 개의 평균값을 도출한다고 하면 평균값 $\bar{x}$도 매번 다르게 나타나며 분포를 가진다. 이 평균값들이 흩어진 정도, 즉 평균값으로 이루어진 분포의 표준편차는 각 측정값들에 대한 표준편차보다 평균값의 불확도로 표현하기 더 적합할 것이다. 평균값들의 표준편

차는 평균값의 불확도를 구하기 위해서 꼭 알고 싶은 양이긴 하나 이 값을 구하기 위해서는 수많은 측정을 되풀이하여 평균을 여러 개 구하는 수고를 해야 한다. 중요한 실험을 하는 연구자라면 이런 수고를 해서라도 불확도를 구해야 하겠지만 실험 수업을 하는 학생들의 입장이라면 매우 지루한 작업이 될 것이다. 하지만 정말 다행스럽게도 통계학 이론에 따르면 평균값을 한 개만 알더라도 평균값의 표준편차를 구할 수 있으며 그 계산 방법은 다음과 같다.

$$\sigma_x = \frac{S_x}{\sqrt{N}} = \sqrt{\frac{\displaystyle\sum_{i=1}^{N}(x_i - \overline{x})^2}{N(N-1)}} \tag{1.9}$$

이 평균값의 표준편차를 표준오차(standard error)라고 하고 평균값의 불확도를 표현하는 데 사용한다. 여기서 표준편차와 달리 표준오차는 실험횟수 $N$이 증가할수록 작아져서 더 많은 측정으로부터 얻은 평균값이 더 작은 불확도를 갖는다는 기대와 일치하는 것을 볼 수 있다. 따라서 측정값을 평균값으로 나타낼 때 이에 대한 불확도는 다음과 같이 표준오차로 나타낸다.

$$x = \overline{x} \pm \sigma_x \tag{1.10}$$

이것은 계통오차가 없고 측정값들이 그림 1.2와 같은 가우스(Gauss) 분포일 경우 참값이 $\overline{x} - \sigma_x$ 와 $\overline{x} + \sigma_x$ 값 사이에 있을 확률이 68%라는 것을 의미한다.

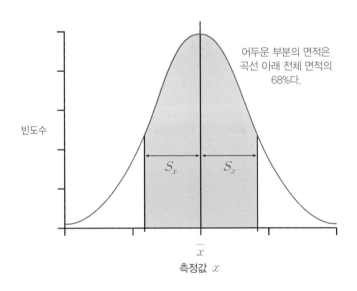

그림 1.2 가우스 분포 곡선

### 3) 표준오차와 눈금에 의한 측정 불확도

측정 횟수를 늘리면 표준오차가 줄어든다. 그렇다면 측정 횟수를 늘리기만 하면 측정 불확도도 당연히 함께 줄어드는 것일까? 전자저울이 하나 있는데 0.1 g까지 측정할 수 있다고 하자. 어떤 물체의 질량을 10번 측정했는데 측정값들이 알 수 없는 요인에 따른 우연오차로 불규칙하게 변해서 통계적인 방법으로 불확도를 구해야 한다고 하자. 이제 동일한 저울로 시간을 들여 100번 측정한 후 평균을 도출한다면 과연 0.01 g까지 측정 가능한 저울과 같은 결과를 얻을 수 있다고 말할 수 있는가? 오차론을 처음 배우는 학생들은 이 질문에 답을 하기가 쉽지 않을 것이다. 그러면 다음 질문에 답을 해보자. 만약 같은 장치로 똑같은 실험을 했는데 이번에는 우연오차가 없어서 10번의 측정 결과가 변화 없이 모두 0.1 g 단위까지 같은 값으로 측정되었다고 가정하면, 같은 측정을 100번 한다고 해서 더 나은 결과를 얻을 수 있겠는가? 이 두 번째 질문에는 상식적으로만 생각해도 '아니다'라는 답이 나올 것이다. 두 번째 질문에 대한 답이 '아니다'라면 첫 번째 질문에 대한 답도 같을 수밖에 없다. 왜냐하면 첫 번째 측정의 결과가 두 번째 측정의 결과보다 좋을 수가 없기 때문이다. 결론적으로 말하면, 아무리 측정 횟수를 많이 하여 평균과 표준오차를 도출한다고 하더라도 측정 불확도는 눈금에 의한 불확도보다 더 작아질 수는 없다.


# 6. 오차의 전파

가로 $x$와 세로 $y$의 길이를 측정하여 직사각형의 면적 $A$를 도출한다고 하자. 이때 면적 $A$는 관계식 $A = xy$로 결정되지만 면적의 불확도 $\delta A$는 가로와 세로의 측정 불확도 $\delta x$, $\delta y$를 통해 간접적으로 결정된다. 이와 같이 한 물리량의 불확도가 측정된 다른 물리량의 불확도로부터 관계식을 통해 간접적으로 결정되는 것을 오차(불확도)의 전파라 부른다. 다음 예를 살펴보고 오차(불확도)가 관계식에 따라 어떻게 전파되는지 알아보자.

　$f$가 두 측정값 $x$와 $y$의 합 $f = x + y$로 계산되는 경우를 생각하자. $x$와 $y$의 측정 불확도가 $\delta x$, $\delta y$이라고 하면 $f$가 가질 수 있는 최댓값은

$$f_{\max} = x + y + (\delta x + \delta y) \tag{1.11}$$

가 되고 $f$의 가능한 최솟값은

$$f_{\min} = x + y - (\delta x + \delta y) \tag{1.12}$$

가 된다. $f$는 위의 두 값 사이에 존재하게 되므로 $f$의 불확도는

$$\delta f = \delta x + \delta y \tag{1.13}$$

가 된다. 이렇게 도출한 $f$의 불확도는 매우 타당한 추정값이긴 하나 $f_{max}$와 $f_{min}$는 측정값 $x$와 $y$가 동시에 최댓값 또는 최솟값을 가질 때 얻을 수 있는 값이므로 만약 $x$와 $y$가 서로 완전히 독립된 측정값들이라면 $f_{max}$ 또는 $f_{min}$는 얻을 가능성이 매우 적은 값이 된다. 따라서 $\delta f$의 추정값은 $\delta x + \delta y$보다는 더 작아야 한다. 통계학 이론에 따르면 $x$와 $y$가 서로 독립인 경우보다 올바른 $f$의 불확도는

$$\delta f = \sqrt{\delta x^2 + \delta y^2} \tag{1.14}$$

가 되어야 한다.

식 (1.13)과 (1.14)는 분명히 서로 다른 결과를 나타내지만 많은 측정에 있어 불확도는 근사적으로 구해지므로 두 결과의 차이가 중요하지 않은 경우가 많다.

$f$가 두 변수 $x$와 $y$로부터 일반적인 관계식 $f = f(x, y)$에 의해 계산되는 경우를 보자. 불확도가 측정값의 크기에 비해 매우 작은 경우, 즉 $\delta x \ll |x|$, $\delta y \ll |y|$인 경우 $f(x, y)$가 $x$의 미소 변화 $\delta x$와 $y$의 미소 변화 $\delta y$에 의해 변하는 양은 근사적으로 각각 다음과 같다.

$$\delta f_x = \left| \frac{\partial f}{\partial x} \right| \delta x \tag{1.15}$$

$$\delta f_y = \left| \frac{\partial f}{\partial y} \right| \delta y \tag{1.16}$$

여기서, $\dfrac{\partial f}{\partial x}$는 함수 $f(x, y)$를 변수 $x$에 대하여 편미분하는 것으로서 $y$를 상수로 두고 $x$에 대하여 미분을 하는 것을 나타낸다. 마찬가지로 $\dfrac{\partial f}{\partial y}$는 함수 $f(x, y)$를 $y$에 대하여 편미분하는 것을 나타낸다. 불확도는 크기만을 고려하므로 절댓값을 취한다. 따라서 $\delta x$, $\delta y$에 의하여 전파되는 $f$의 불확도는

$$\begin{aligned} \delta f &= \delta f_x + \delta f_y \\ &= \left| \frac{\partial f}{\partial x} \right| \delta x + \left| \frac{\partial f}{\partial y} \right| \delta y \end{aligned} \tag{1.17}$$

표 1.1 대표적인 형태의 관계식에 대한 오차 전파 공식($a$, $b$는 상수)

| 관계식 | 오차의 전파 공식 |
|---|---|
| $f = ax \pm by$ | $(\delta f)^2 = a^2 (\delta x)^2 + b^2 (\delta y)^2$ |
| $f = axy$ | $\left(\dfrac{\delta f}{f}\right)^2 = \left(\dfrac{\delta x}{x}\right)^2 + \left(\dfrac{\delta y}{y}\right)^2$ |
| $f = a\dfrac{x}{y}$ | $\left(\dfrac{\delta f}{f}\right)^2 = \left(\dfrac{\delta x}{x}\right)^2 + \left(\dfrac{\delta y}{y}\right)^2$ |
| $f = ax^b$ | $\delta f = abx^{b-1} \delta x$ |
| $f = ae^{bx}$ | $\delta f = abe^{bx} \delta x$ |
| $f = a\log bx$ | $\delta f = \dfrac{a}{x} \delta x$ |

가 된다. 하지만 위에서 언급한 바와 같이 $x$, $y$가 서로 독립인 경우 $\delta f$에 대한 보다 더 올바른 계산은

$$
\begin{aligned}
\delta f &= \sqrt{(\delta f_x)^2 + (\delta f_y)^2} \\
&= \sqrt{\left(\frac{\partial f}{\partial x}\delta x\right)^2 + \left(\frac{\partial f}{\partial y}\delta y\right)^2}
\end{aligned}
\tag{1.18}
$$

가 되며, 함수 $f$가 두 개의 변수가 아닌 여러 개의 독립변수를 가지고 있을 경우 $f$의 불확도는

$$
\delta f = \sqrt{\left(\frac{\partial f}{\partial x}\delta x\right)^2 + \left(\frac{\partial f}{\partial y}\delta y\right)^2 + \left(\frac{\partial f}{\partial z}\delta z\right)^2 + \ldots}
\tag{1.19}
$$

로 계산된다. 표 1.1에는 실험에서 자주 사용되는 몇 가지 관계식에 대하여 위의 방법으로 도출한 오차 전파 공식을 정리해 두었다. 편미분에 대해 배우지 않았거나 익숙하지 않은 상태는 물론이고 그렇지 않더라도 많은 경우에서 앞에서의 편미분을 사용한 계산보다는 이 공식들을 바로 적용하여 불확도를 구하는 것이 더 편할 것이다.

## 7. 오차의 전파 적용 예

밑면의 지름이 $d$이고 높이가 $h$인 원기둥의 부피 $V$는 다음과 같다.

$$
V = \frac{\pi}{4}d^2 h
\tag{1.20}
$$

일반적으로 원기둥의 부피를 구하기 위해서는 $d$와 $h$를 측정하고 식 (1.20)을 사용하여 계산한다. 그러나 부피의 측정 불확도 $\delta V$는 식 (1.20)을 직접 사용하여 구할 수는 없고 오차의 전파에 따른 계산을 해야 한다. $d$와 $h$의 측정 불확도를 각각 $\delta d$, $\delta h$라고 하면 식 (1.19)를 이용하여 $\delta V$를 다음과 같이 구할 수 있다.

$$\delta V = \sqrt{\left(\frac{\partial V}{\partial d}\right)^2 (\delta d)^2 + \left(\frac{\partial V}{\partial h}\right)^2 (\delta h)^2} \tag{1.21}$$

여기서

$$\frac{\partial V}{\partial d} = \frac{\pi}{2} dh \tag{1.22}$$

$$\frac{\partial V}{\partial h} = \frac{\pi}{4} d^2 \tag{1.23}$$

만약 밑변의 반지름 $d$가 50.63 mm이고 측정 불확도 $\delta d$가 0.06 mm 그리고 높이 $h$가 22.80 mm이고 측정 불확도 $\delta h$가 0.04 mm라면 원기둥의 부피 $V$는 다음과 같다.

$$V = \frac{\pi}{4} d^2 h = \frac{\pi}{4} \times 50.63^2 \times 22.80 = 45{,}903 \, \text{mm}^3 \tag{1.24}$$

식 (1.21)을 사용하여 부피 $V$의 불확도 $\delta V$를 계산하면,

$$\begin{aligned} \delta V &= \sqrt{\left(\frac{\pi}{2} dh\right)^2 (\delta d)^2 + \left(\frac{\pi}{4} d^2\right)^2 (\delta h)^2} \\ &= \sqrt{1{,}813^2 \times 0.06^2 + 2{,}013^2 \times 0.04^2} \\ &= 135 \end{aligned} \tag{1.25}$$

가 된다. 그러므로 원기둥의 부피에 대한 보고값은 $(459.0 \pm 1.4) \times 10^2 \, \text{mm}^3$가 된다.

표 1.1의 오차 전파 공식을 사용하여 원기둥 부피의 불확도를 구해보자. 만약 원기둥의 단면적을 $S$라고 하면

$$S = \frac{\pi}{4}d^2 \tag{1.26}$$

가 되고, 원기둥 단면적의 불확도 $\delta S$는 표 1.1의 네 번째 공식을 이용하면 다음과 같다.

$$
\begin{aligned}
\delta S &= \frac{\pi}{4} \times 2 \times d(\delta d) \\
&= \frac{\pi}{2} d(\delta d)
\end{aligned} \tag{1.27}
$$

원기둥의 부피 $V$는

$$
\begin{aligned}
V &= \frac{\pi}{4}d^2 h \\
&= Sh
\end{aligned} \tag{1.28}
$$

로 나타낼 수 있으므로 표 1.1의 두 번째 곱셈 공식을 통해 다음의 관계식을 얻을 수 있다.

$$\left(\frac{\delta V}{V}\right)^2 = \left(\frac{\delta S}{S}\right)^2 + \left(\frac{\delta h}{h}\right)^2 \tag{1.29}$$

식 (1.26), (1.27) 및 식 (1.28)을 식 (1.29)에 넣어서 정리하면 원기둥의 부피 불확도는

$$\delta V = \sqrt{\left(\frac{\pi}{2}dh\right)^2 (\delta d)^2 + \left(\frac{\pi}{4}d^2\right)^2 (\delta h)^2} \tag{1.30}$$

가 되어 식 (1.25)와 같은 결과를 얻게 된다.

# 8. 최소 제곱법

어떤 실험의 측정 결과가 그림 1.3과 같고 두 측정값 $x_i$, $y_i$ 사이가 비례관계로 예상된다고 하자. 이 측정값들을 함수 $y = a + bx$와 같이 일차식으로 표현하려 할 때, 가장 간단한 방법은 측정값들이 표시된 그래프 위에 자를 대고 측정값들로부터 평균적으로 거리가 가장 가까워 보이는 직선을 그려서 기울기와 절편을 구하는 것이다. 이 방법은 사람의 눈대중에 의한 방법이므로 다소 부정확할 수 있으

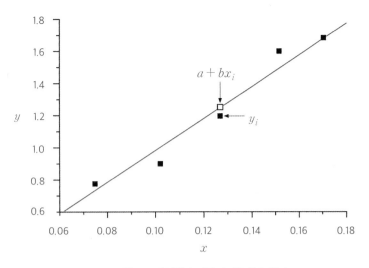

그림 1.3 측정값과 가장 가까운 함수 찾기

나 복잡한 계산을 할 수 없는 환경이거나 굳이 할 필요가 없는 경우 사용할 수 있는 편리한 방법이다. 측정값들로부터 거리가 가장 가까운 직선을 눈대중이 아닌 수학적으로 찾는 방법 중 하나가 최소 제곱법(method of least squares)으로서, 편차 $\delta y_i = y_i - (a + bx_i)$의 제곱의 합 $\sum_{i=1}^{N} (\delta y_i)^2$이 최소가 되도록 $a$와 $b$를 결정하는 것이다. 여기서 편차 $\delta y_i$는 주어진 $x_i$에 대한 측정값 $y_i$와 표현하고자 하는 일차식이 계산 결과인 $a + bx_i$와의 차를 나타낸다.

일차함수에 한하지 않고 일반적인 경우로 설명하자면 $N$번 측정한 측정값 $y_1$, $y_2$, $y_3$, ..., $y_N$이 다른 측정값 $x_1$, $x_2$, $x_3$, ..., $x_N$의 함수, 즉 $y_i = f(x_i)$가 될 것으로 기대될 때, 측정값 $y_i$와 함수값 $f(x_i)$의 차이를 제곱한 값들의 합 $\sum_{i=1}^{N} (y_i - f(x_i))^2$이 최소가 될 조건을 찾고 이로부터 함수 $y = f(x)$의 계수를 구하는 것이 최소 제곱법인 것이다. 일반적으로 최소 제곱법에서는 독립변수 $x_i$의 불확도는 0이거나 0에 가깝다고 가정하며 $y_i$에 대한 편차만 고려한다는 데 유의하자.

다시 일차함수의 경우로 돌아가면, 편차의 제곱의 합 $\sum_{i=1}^{N} (\delta y_i)^2$이 최소가 되게 하려면 $a$와 $b$는 다음 두 식을 동시에 만족해야 한다.

$$\frac{\partial}{\partial a} \sum_{i=1}^{N} (\delta y_i)^2 = 0 \tag{1.31}$$

$$\frac{\partial}{\partial b} \sum_{i=1}^{N} (\delta y_i)^2 = 0 \tag{1.32}$$

여기서, 식 (1.31)은

$$\frac{\partial}{\partial a}\sum_{i=1}^{N}(\delta y_i)^2 = \frac{\partial}{\partial a}\sum_{i=1}^{N}[y_i-(a+bx_i)]^2$$

$$= -2\sum_{i=1}^{N}[y_i-(a+bx_i)]$$

$$= -2(\sum_{i=1}^{N}y_i - b\sum_{i=1}^{N}x_i - aN) = 0$$

$$\therefore \sum_{i=1}^{N}y_i - b\sum_{i=1}^{N}x_i - aN = 0 \qquad (1.33)$$

이고, 식 (1.32)는

$$\frac{\partial}{\partial b}\sum_{i=1}^{N}(\delta y_i)^2 = \frac{\partial}{\partial b}\sum_{i=1}^{N}[y_i-(a+bx_i)]^2$$

$$= -2\sum_{i=1}^{N}[y_i-(a+bx_i)]x_i$$

$$= -2(\sum_{i=1}^{N}y_ix_i - b\sum_{i=1}^{N}x_i^2 - a\sum_{i=1}^{N}x_i) = 0$$

$$\therefore \sum_{i=1}^{N}y_ix_i - b\sum_{i=1}^{N}x_i^2 - a\sum_{i=1}^{N}x_i = 0 \qquad (1.34)$$

이다. 식 (1.33)과 식 (1.34)를 연립하여 풀면 $a$와 $b$는

$$a = \frac{\displaystyle\sum_{i=1}^{N}x_i^2\sum_{i=1}^{N}y_i - \sum_{i=1}^{N}x_i\sum_{i=1}^{N}(x_iy_i)}{\displaystyle N\sum_{i=1}^{N}x_i^2 - (\sum_{i=1}^{N}x_i)^2} \qquad (1.35)$$

$$b = \frac{\displaystyle N\sum_{i=1}^{N}(x_iy_i) - \sum_{i=1}^{N}x_i\sum_{i=1}^{N}y_i}{\displaystyle N\sum_{i=1}^{N}x_i^2 - (\sum_{i=1}^{N}x_i)^2} \qquad (1.36)$$

와 같이 주어진다.

최소 제곱법으로 도출한 직선의 $y$값과 측정값 $y_i$의 차 $y_i - y$를 $y$의 편차라고 하면, $y$의 표준편

차 $S_y$는 다음과 같이 나타낼 수 있다.

$$S_y = \sqrt{\frac{1}{N-2}\sum_{i=1}^{N}(y_i - y)^2}$$

$$= \sqrt{\frac{1}{N-2}\sum_{i=1}^{N}(y_i - a - bx_i)^2} \tag{1.37}$$

이 경우에는 분모에 $N-1$이 아닌 $N-2$가 사용되는데 이에 대한 자세한 설명은 다시 통계학 전문 서적을 참고하자.

$a$와 $b$의 불확도 $\delta_a$, $\delta_b$를 구하기 위해서는 식 (1.35)와 식 (1.36)에 오차의 전파식 식 (1.19)을 적용하면 된다. 최소 제곱법에서는 독립변수 $x_i$의 불확도를 0 또는 0에 가깝다고 가정하므로 $x_i$에 대한 편미분 계산이 필요 없고 $y_i$에 대한 편미분만 고려하면 되므로 계산 과정이 간단해진다. 이렇게 해서 도출한 $a$와 $b$의 불확도는 다음과 같다.

$$\delta_a = S_y \sqrt{\frac{\displaystyle\sum_{i=1}^{N}x_i^2}{N\displaystyle\sum_{i=1}^{N}x_i^2 - (\displaystyle\sum_{i=1}^{N}x_i)^2}} \tag{1.38}$$

$$\delta_b = S_y \sqrt{\frac{N}{N\displaystyle\sum_{i=1}^{N}x_i^2 - (\displaystyle\sum_{i=1}^{N}x_i)^2}} \tag{1.39}$$

## 9. 최소 제곱법 적용 예

질량 $m$인 물체가 용수철 상수 $k$인 용수철에 매달릴 때 용수철이 평형 상태로부터 늘어난 길이를 $x$라고 하면 이 용수철이 원래의 평형 상태로 돌아가려고 하는 힘, 즉 복원력 $F$의 크기는 많은 경우 $x$에 비례하고 방향은 변위 방향과 반대다. 즉, $F=-kx$로 표현되는데 이를 Hooke의 법칙이라고 한다. 용수철이 Hooke의 법칙을 만족하면 매단 질량에 의한 무게 $W(=mg)$와 $k$, $x$의 관계는 $W=kx$로 나타낼 수 있게 된다. 여러 질량에 대한 늘어난 길이를 측정하여 측정값들의 순서쌍$(m_i, x_i)$을 그래프로 표시하고 이 측정값으로부터 편차가 가장 작은 직선을 최소 제곱법으로 구하면 직선의 기울기가 $g/k$가 되므로 이 기울기로부터 용수철 상수를 구할 수 있게 된다. 여기서, 아래첨자 $i$는 측정횟수를 나타낸다.

표 1.2  측정값

| 측정횟수($i$) | $m_i$ : 질량[kg] | $x_i$ : 늘어난 길이[m] |
|---|---|---|
| 1 | 0 | 0 |
| 2 | 0.02 | 0.033 |
| 3 | 0.04 | 0.075 |
| 4 | 0.06 | 0.109 |
| 5 | 0.08 | 0.154 |

표 1.2는 용수철 상수 측정 실험에서 무게를 바꾸면서 5번 측정해서 얻은 측정값이다. 독립변수 $m_i$, 종속변수 $x_i$에 대해 몇 가지 합을 구하면,

$$\sum m_i^2 = 0.012 \text{,} \quad \sum m_i = 0.2 \text{,} \quad \sum x_i = 0.371 \text{,} \quad \sum m_i x_i = 0.02252$$

이므로 식 (1.35)와 식 (1.36)으로부터 $a$, $b$는

$$a = \frac{0.012 \times 0.371 - 0.2 \times 0.02252}{5 \times 0.012 - 0.2^2} = -0.0026 \tag{1.40}$$

$$b = \frac{5 \times 0.02252 - 0.2 \times 0.371}{5 \times 0.012 - 0.2^2} = 1.92 \tag{1.41}$$

로 주어진다.

이 계산 결과를 그래프로 나타낸 것이 그림 1.4이고, 그래프에 나타난 점은 표 1.2의 측정값이다. 따라서 그래프에 그려진 직선의 방정식은 다음과 같다.

$$y = a + bx = -0.0026 + 1.92x \tag{1.42}$$

즉,

$$x = -0.0026 + 1.92m \tag{1.43}$$

이다.

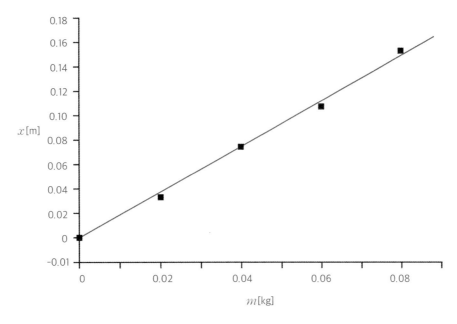

그림 1.4 최소 제곱법을 적용하여 용수철 상수 구하기

한편

$$\sum_{i=1}^{N}(y_i - y)^2 = (0 - (-0.0026))^2 + (0.033 - (-0.0026 + 1.92 \times 0.02))^2 \tag{1.44}$$
$$+ (0.075 - (-0.0026 + 1.92 \times 0.04))^2 + (0.109 - (-0.0026 + 1.92 \times 0.06))^2$$
$$+ (0.154 - (-0.0026 + 1.92 \times 0.08))^2$$
$$= 3.72 \times 10^{-5}$$

이므로 식 (1.37)로부터 $S_y$는

$$S_y = \sqrt{\frac{1}{3} \times 3.72 \times 10^{-5}} = 0.003521 \tag{1.45}$$

이 된다. 그리고 $a$, $b$의 불확도 $\delta_a$, $\delta_b$는 식 (1.38)과 식 (1.39)로부터 각각

$$\delta_a = 0.003521 \times \sqrt{\frac{0.012}{5 \times 0.012 - 0.2^2}} \tag{1.46}$$
$$= 0.002728$$

$$\delta_b = 0.003521 \times \sqrt{\frac{5}{5 \times 0.012 - 0.2^2}}$$
$$= 0.055678 \tag{1.47}$$

가 된다. 여기서, $b$는 그래프의 기울기 $g/k$를 나타내므로 관계식 $k = g/b$를 사용해서 용수철 상수 $k$를 구하면 $k = 5.108$ N/m가 된다. 또한 $b$의 불확도를 오차의 전파 공식에 넣어 용수철 상수의 불확도를 구하면 $\delta k = 0.148$ N/m가 도출된다. 결과를 정리하여 나타내면 표 1.2의 측정값으로부터 최소 제곱법을 사용하여 도출한 용수철 상수는 $k = 5.11 \pm 0.15$ N/m다.

# CHAPTER 2

# 길이 측정

## 1. 실험 목적

버니어캘리퍼, 마이크로미터의 사용법을 배우고 물체의 길이, 원통의 안지름과 바깥지름 등을 측정한다. 이 결과들로부터 면적과 부피를 계산하고 이러한 측정과정에서 발생하는 오차가 결과에 미치는 정도를 계산한다.

## 2. 실험 원리

길이를 정밀하게 재는 데 필요한 몇 가지 측정도구의 구조와 사용법을 알아본다.

---

**실험 1**     버니어캘리퍼(vernier calliper)

---

그림 2.1과 같이 버니어(아들자)가 달린 캘리퍼를 버니어캘리퍼라고 한다. 본체에 있는 어미자의 눈금은 일반적으로 사용하는 mm자와 같으며 측정하고자 하는 물체의 길이는 어미자의 0점과 아들자의

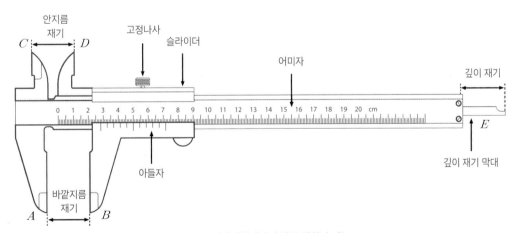

**그림 2.1  버니어캘리퍼의 각부 명칭과 기능**

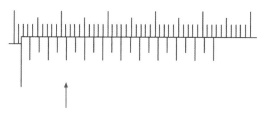

그림 2.2 버니어캘리퍼의 측정 예

0점 사이의 거리와 같다. 어미자로만 측정하면 mm 단위까지는 정확히 읽을 수 있지만 아들자의 눈금을 이용하면 1 mm의 1/10 혹은 그 이상의 정밀도까지 측정할 수 있다. 일반적으로 가장 많이 사용되는 버니어캘리퍼의 아들자는 어미자의 1 mm를 20등분하여 읽을 수 있도록 만들어져 있다. 아들자는 어미자의 39눈금을 20등분하여, 아들자의 한 눈금은 어미자의 두 눈금보다 $1/20 (= 0.05)$ mm만큼 짧게 되어 있다. 따라서 아들자의 첫 번째 눈금이 어미자의 두 번째 눈금과 일치하면 아들자는 어미자에 대해 0.05 mm만큼 이동하게 된다. 이와 같은 원리로 아들자의 $n$번째 눈금이 어미자의 눈금과 일치하고 있으면, 어미자의 눈금에 $n \times 0.05$ mm만큼 더해 주어야 한다. 따라서 그림 2.2와 같이 아들자의 눈금 0이 어미자의 눈금 23을 약간 넘어 있고 아들자의 네 번째 눈금이 어미자의 눈금과 일치했다면 전체 눈금은 $23 + 4 \times 0.05 = 23.20$ mm로 읽는다. 버니어캘리퍼의 사용에 익숙해지면 굳이 $4 \times 0.05$를 계산할 필요 없이 어미자로 읽은 눈금 23에 소수점을 찍고 어미자와 눈금이 일치하는 아들자의 눈금인 2를 바로 붙여서 23.2 mm로 읽으면 된다는 것을 알게 된다.

그림 2.3의 그림들은 버니어캘리퍼의 올바른 사용법을 나타낸 것이다. 버니어캘리퍼를 올바르게 사용하지 않으면 개인오차가 발생하여 정확한 측정을 할 수 없으므로 주의해서 사용해야 한다. 버니어

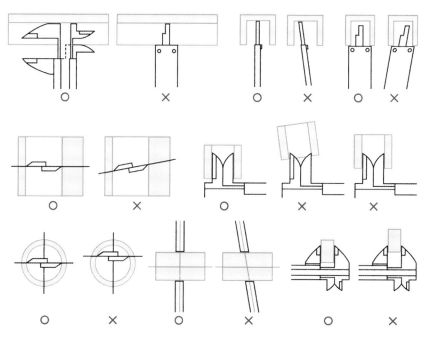

그림 2.3 버니어캘리퍼의 올바른 사용법

캘리퍼는 주로 물체의 바깥지름, 안지름, 깊이를 측정하는 데 사용되지만, 그림 2.3의 첫 번째 그림에서 보는 것처럼 아들자의 머리부분과 어미자의 머리부분을 이용하여 계단 형태 물체의 높이 차이(단차)를 측정하는 데 사용되기도 한다.

---

**실험 2**      마이크로미터(micrometer)

---

마이크로미터의 각부 명칭은 그림 2.4와 같다. 슬리브관의 자 눈금은 일반적으로 사용하는 mm 자와 같지만, 중심선의 위쪽은 mm 위치마다, 그리고 아래쪽은 위쪽 눈금에 0.5 mm 더한 위치마다 눈금이 있다. 측정하고자 하는 물체의 길이는 슬리브관의 0점으로부터 씌움통의 왼쪽 끝 경계선까지의 거리와 같으므로 슬리브관의 눈금만 가지고도 0.5 mm 단위까지 측정할 수 있지만 씌움통의 눈금을 이용하면 0.01 mm 이상의 정밀도로 측정이 가능하다. 씌움통을 한 바퀴 돌리면 축이 0.5 mm를 전진 또는 후진하게 되는데, 씌움통에는 눈금이 50등분되어 있으므로 씌움통의 한 눈금은 $0.01(=0.5/50)$ mm를 나타낸다. 따라서 마이크로미터는 0.01 mm까지 길이 측정이 가능하며 씌움통 한 눈금의 1/10까지 눈어림으로 눈금을 읽으면 $0.001$ mm$(=10^{-3}$ mm $=10^{-6}$ m $=1$ $\mu$m)까지도 측정할 수 있다. 그림 2.5(a)에서의 측정값은 $14+12.0\times10^{-2}=14.120$ mm이고 그림 2.5(b)에서의 측정값은 $16.5+47.5\times10^{-2}=16.975$ mm가 된다.

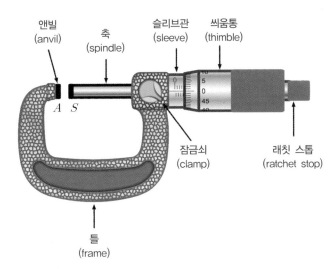

**그림 2.4** 마이크로미터의 각부 명칭

(a)            (b)

**그림 2.5** 마이크로미터의 측정 예

마이크로미터의 영점은 물체를 끼우지 않은 상태에서 면 $A$와 $S$가 닿을 때의 눈금이다. 일반적으로 이 면들이 마모되거나 씌움통의 밀림으로써 영점이 맞지 않은 경우가 있다. 영점이 맞지 않으면 측정값에서 영점 눈금을 대수적으로 빼서 보정을 해야 한다. 반드시 측정 전후에 영점을 확인하고 여러 번 측정한 값들의 평균값을 구하여 보정하도록 한다.

‖ 전용 공구를 사용하여 슬리브관 또는 씌움통을 움직여서 기계적으로 영점보정을 하는 방법도 있다.

마이크로미터는 정밀한 측정공구이므로 사용할 때 유의해야 한다. 길이를 측정하기 위해서는 물체를 앤빌과 축 사이에 물려야 하는데 씌움통을 돌려서 바로 물리게 되면 공구에 무리한 힘이 가해질 수 있다. 따라서 물체가 공구에 닿기 전에 씌움통을 돌리는 것을 멈추어야 하며 그 후 래칫 스톱을 조심스럽게 돌려서 물체가 공구에 닿은 후 래칫 스톱이 헛도는 것이 확인되면 잠금쇠로 잠그고 측정값을 읽는다.


## 3. 실험 기구 및 재료

버니어캘리퍼, 마이크로미터, 가는 철사, 길이 측정 시료


## 4. 실험 방법

다음 각각의 실험을 하기에 앞서 몇 번의 예비 측정을 해보고 한 번만 측정할 것인지 또는 여러 번 측정하여 표준오차를 구할 것인지를 스스로 결정하라. 마이크로미터는 0.001 mm까지 읽어라. 그리고 모든 측정의 결과에 대한 불확도를 나타내고, 측정값으로 계산할 때 오차의 전파를 사용하여 불확도를 계산하라.

---

**실험 1**　　　**길이의 측정**

---

**| 실험 1-1 |　철사의 지름 측정**
마이크로미터를 사용하여 주어진 철사의 지름을 측정한다.

**| 실험 1-2 |　길이 측정 시료의 길이 측정**
① 마이크로미터를 사용하여 길이 측정 시료의 바깥지름을 측정한다.
② 버니어캘리퍼를 사용하여 길이 측정 시료의 바깥지름을 측정한다.
③ 버니어캘리퍼를 사용하여 긴 길이, 간격, 짧은 길이를 각각 측정하여 시료의 전체 길이를 도출한다.

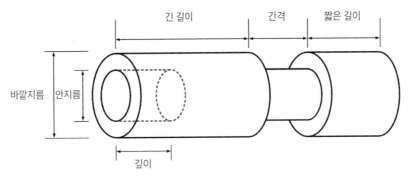

긴 길이      간격      짧은 길이

바깥지름   안지름

깊이

그림 2.6   길이 측정 시료

---

**실험 2**      **길이를 측정하여 면적과 부피 구하기**

① 버니어캘리퍼를 사용하여 시료의 안지름을 측정하고 이 결과를 사용하여 구멍의 면적을 도출한다.

② 버니어캘리퍼를 사용하여 깊이를 측정하고, 앞서 얻은 결과와 함께 이를 활용하여 파인 부분의 부피를 도출한다.

## 5. 질문 및 토의

측정을 여러 번 하여 평균을 구하는 이유가 무엇인가? 여러 번 측정하는 것이 항상 필요한가?

# 데이터 시트

---

**실험 1**　길이 측정

| | 마이크로미터 | | 버니어캘리퍼 | | | |
|---|---|---|---|---|---|---|
| | 철사의 지름[mm] | 바깥지름[mm] | 바깥지름[mm] | 긴 길이[mm] | 간격[mm] | 짧은 길이[mm] |
| 1 | | | | | | |
| 2 | | | | | | |
| 3 | | | | | | |
| 4 | | | | | | |
| 5 | | | | | | |

**실험 2**　길이를 측정하여 면적과 부피 구하기

| | 안지름[mm] | 깊이[mm] |
|---|---|---|
| 1 | | |
| 2 | | |
| 3 | | |
| 4 | | |
| 5 | | |

# 실험 결과

실험 1 **길이 측정**

| | | 대푯값 | 합성 표준 불확도 | 실험 결과 |
|---|---|---|---|---|
| 마이크로미터 | 철사의 지름[mm] | | | |
| | 바깥지름[mm] | | | |
| 버니어캘리퍼 | 바깥지름[mm] | | | |
| | 긴 길이[mm] | | | |
| | 간격[mm] | | | |
| | 짧은 길이[mm] | | | |

‖ 표 안의 실험 결과는 '대푯값±불확도(단위)'로 나타낼 것

실험 2 **길이를 측정하여 면적과 부피 구하기**

| | 안지름[mm] | 깊이[mm] |
|---|---|---|
| 대푯값 | | |
| 합성 표준 불확도 | | |
| 실험 결과(대푯값±불확도) | | |

| | 면적[mm²] | 부피[mm³] |
|---|---|---|
| 대푯값 | | |
| 오차의 전파를 통한 불확도 | | |
| 실험 결과(대푯값±불확도) | | |

# CHAPTER 3

# 자유낙하 운동

## 1. 실험 목적

지구 중력에 의해 낙하하는 물체에 대해 낙하거리와 낙하시간을 측정하여 자유낙하하는 물체의 속도 변화를 관찰하고 중력 가속도를 도출한다.

## 2. 실험 원리

자유낙하 운동은 공기저항 및 마찰이 없을 때 물체가 낙하하는 운동을 의미한다. 자유낙하 운동은 등가속도 운동을 하며, 정지 상태로부터 물체가 자유낙하할 때 시간 $t$ 후 물체의 낙하속도 $v_h$ 는 다음과 같다.

$$v_h = -gt \tag{3.1}$$

그리고 낙하거리 $h$ 는 다음과 같다.

$$h = \frac{1}{2}gt^2 \tag{3.2}$$

따라서 물체의 낙하거리 $h$ 와 낙하시간 $t$ 를 측정하여 중력 가속도 $g$ 를 결정할 수 있다.

## 3. 실험 기구 및 재료

중력 가속도 측정 장치, 스마트 계시기, 줄자, 저울, 쇠구슬(큰 것, 작은 것), 플라스틱 공

## 4. 실험 방법

① 그림과 같이 장치를 하고 물체가 낙하할 거리 $h$ 를 정한다(낙하 스위치에 연결된 플러그는 스마트 계시기의 1번 입력, 그리고 공받게에 연결된 플러그는 스마트 계시기의 2번 입력에 연결한다).

② 스마트 계시기를 켜고 TIME – TWO GATE 모드를 선택한다.

∥ 스마트 계시기 사용법은 부록 참고

③ 물체가 떨어질 것으로 예상되는 지점에 공받게를 놓는다.

∥ 물체가 떨어질 위치는 센서가 위치한 지점이어야 잘 작동된다.

④ 물체를 낙하상자에 매단다.

∥ 자석에 붙는 물체가 아니면 철 와셔를 부착해야 한다.

⑤ 낙하거리 $h$ 를 측정하고 스마트 계시기의 3번 버튼을 눌러 *표시가 나오게 한 후 낙하 스위치를 눌러 물체를 낙하시킨다.

∥ 낙하상자 옆면의 LED가 깜박이면 깜박임이 멈출 때까지 기다려야 한다.
∥ 스위치를 눌러도 물체가 낙하하지 않으면 물체의 표면(철 와셔가 부착된 물체라면 철 와셔 위)에 테이프를 붙여 물체가 너무 강하게 낙하상자에 부착되지 않도록 한다.

⑥ 낙하시간 $t$ 를 계시기로 읽고 기록한다.

⑦ 낙하거리를 일정한 간격으로 바꾸면서 위 과정을 반복 실험한다.

⑧ $t^2/2$ 를 $x$ 축, $h$ 를 $y$ 축으로 그래프를 그리고 최소 제곱법을 이용하여 직선의 기울기(중력 가속도)와 불확도를 도출한다.

⑨ 물체를 바꾸어 위의 전 과정을 반복한다.

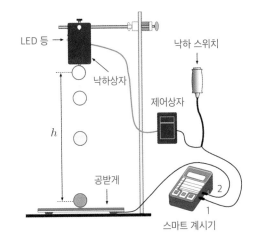

그림 3.1  중력 가속도 측정 장치

## 5. 질문 및 토의

① $h – t^2/2$ 그래프에서 최소 제곱법으로 도출한 직선이 원점을 지나는가? 원점을 지나지 않는다면 그 원인은 무엇인가?

② 임의의 높이 $h$ 에 대하여 식 (3.2)를 사용하여 중력 가속도를 구하고 중력 가속도의 불확도를 오차의 전파를 사용하여 구해보자.

# 데이터 시트

일반 물리학 실험

---

**실험 1**

• 물체의 질량 =

• 물체의 반지름 =

| $h_{설정}$[m] | $h_{측정}$[m] | $t$[s] | $t^2/2$[s$^2$] |
|---|---|---|---|
| 0 | 0 | 0 | 0 |
| | | | |
| | | | |
| | | | |
| | | | |
| | | | |
| | | | |
| | | | |

**실험 2**

• 물체의 질량 =

• 물체의 반지름 =

| $h_{설정}$[m] | $h_{측정}$[m] | $t$[s] | $t^2/2$[s$^2$] |
|---|---|---|---|
| 0 | 0 | 0 | 0 |
| | | | |
| | | | |
| | | | |
| | | | |
| | | | |
| | | | |
| | | | |

**실험 3**

- 물체의 질량 =
- 물체의 반지름 =

| $h_{설정}[m]$ | $h_{측정}[m]$ | $t[s]$ | $t^2/2[s^2]$ |
|---|---|---|---|
| 0 | 0 | 0 | 0 |
| | | | |
| | | | |
| | | | |
| | | | |
| | | | |
| | | | |
| | | | |

# 실험 결과

## 1. 중력 가속도의 불확도

| $h_{측정}[m]$ | $g[m/s^2]$ | $\delta g[m/s^2]$<br>(오차의 전파로<br>도출한 불확도) | 상대 불확도[%] |
|---|---|---|---|
| 0 | 0 | 0 | |
| | | | |
| | | | |
| | | | |
| | | | |
| | | | |
| | | | |
| | | | |

‖ 오차의 전파를 통한 중력 가속도($g$)의 불확도

$$\delta g = \sqrt{\left(\frac{\partial g}{\partial h}\delta h\right)^2 + \left(\frac{\partial g}{\partial T}\delta T\right)^2} = \sqrt{\left(\frac{2}{T^2}\delta h\right)^2 + \left(\frac{4h}{T^3}\delta T\right)^2}$$

## 2. $h - 1/t^2$ 그래프

| | |
|---|---|
| 기울기를 통한 중력 가속도($g$)[m/s²] | |
| 기울기의 불확도를 통한 중력 가속도의 불확도[m/s²] | |
| 실험 결과[m/s²](대푯값±불확도) | |
| 상대오차[%] | |
| 상대 불확도[%] | |

‖ 기울기가 $b$일 때, 오차의 전파를 통한 중력 가속도($g$)의 불확도

$$\delta g = \sqrt{\left(\frac{\partial g}{\partial b}\delta b\right)^2} = 2\delta b$$

**실험 2**

## 1. 중력 가속도의 불확도

| $h_{측정}$[m] | $g$[m/s$^2$] | $\delta g$[m/s$^2$]<br>(오차의 전파로<br>도출한 불확도) | 상대 불확도[%] |
|---|---|---|---|
| 0 | 0 | 0 | |
| | | | |
| | | | |
| | | | |
| | | | |
| | | | |
| | | | |
| | | | |

## 2. $h - 1/t^2$ 그래프

| | |
|---|---|
| 기울기를 통한 중력 가속도($g$)[m/s$^2$] | |
| 기울기의 불확도를 통한 중력 가속도의 불확도[m/s$^2$] | |
| 실험 결과[m/s$^2$](대푯값±불확도) | |
| 상대오차[%] | |
| 상대 불확도[%] | |

‖ 기울기가 $b$일 때, 오차의 전파를 통한 중력 가속도($g$)의 불확도

$$\delta g = \sqrt{\left(\frac{\partial g}{\partial b}\delta b\right)^2} = 2\delta b$$

1. 중력 가속도의 불확도

| $h_{측정}$[m] | $g$[m/s$^2$] | $\delta g$[m/s$^2$]<br>(오차의 전파로<br>도출한 불확도) | 상대 불확도[%] |
|---|---|---|---|
| 0 | 0 | 0 | |
| | | | |
| | | | |
| | | | |
| | | | |
| | | | |
| | | | |
| | | | |

2. $h - 1/t^2$ 그래프

| 기울기를 통한 중력 가속도($g$)[m/s$^2$] | |
|---|---|
| 기울기의 불확도를 통한<br>중력 가속도의 불확도[m/s$^2$] | |
| 실험 결과[m/s$^2$](대푯값±불확도) | |
| 상대오차[%] | |
| 상대 불확도[%] | |

‖ 기울기가 $b$일 때, 오차의 전파를 통한 중력 가속도($g$)의 불확도

$$\delta g = \sqrt{\left(\frac{\partial g}{\partial b}\delta b\right)^2} = 2\delta b$$

# CHAPTER 4

# Tracker 프로그램을 사용한 자유낙하 운동

## 1. 실험 목적

낙하하는 물체를 동영상으로 촬영한 후 이 영상으로부터 물체의 위치를 추적하여 자유낙하하는 물체의 위치와 속도 변화를 관찰하고 중력 가속도를 도출한다.

## 2. 실험 원리

자유낙하 운동은 공기저항 및 마찰이 없을 때 물체가 낙하하는 운동을 의미한다. 자유낙하 운동은 등가속도 운동을 하며, 정지 상태로부터 물체가 자유낙하할 때 시간 $t$ 후 물체의 낙하속도 $v_h$ 는 다음과 같다.

$$v_h = - gt \tag{4.1}$$

그리고 낙하거리 $h$ 는 다음과 같다.

$$h = \frac{1}{2}gt^2 \tag{4.2}$$

따라서 물체의 낙하거리 $h$ 와 낙하시간 $t$ 를 측정하여 중력 가속도 $g$ 를 결정할 수 있다.

## 3. 실험 기구 및 재료

디지털 카메라(또는 스마트폰), 삼각대, 중력 가속도 측정 장치, 줄자, 여러 가지 공, Tracker 프로그램

유의사항 : Tracker 프로그램을 사용하여 시간에 따른 물체의 운동을 분석하기 위해서는 촬영하는 영상의 초당 프레임 수를 알아야 하며, 또한 길이를 알고 있는 기준 눈금자가 영상 속에 들어있어야 한다. 기준 눈금자는 줄자 또는 자를 사용해도 되고 거리를 알고 있는 두 점으로 표시해두어도 된다.

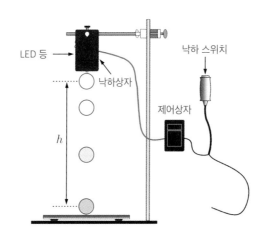

그림 4.1 중력 가속도 측정 장치

# 4. 실험 방법

① 그림과 같이 장치를 설치하고, 물체를 낙하시킬 높이 $h$를 정한다.

② 물체를 떨어뜨릴 위치로부터 약 2 m 떨어진 곳에 카메라를 설치한다.

③ 카메라 화면이 지면과 평행하도록 조정하고 초점이 맞는지 확인한다.

④ 물체를 낙하상자에 매단다.

∥ 자석에 붙는 물체가 아니면 철 와셔를 부착해야 한다.

⑤ 녹화를 시작하고 물체를 낙하시킨다.

∥ 낙하상자 옆면의 LED가 깜박이면 깜박임이 멈출 때까지 기다려야 한다.
∥ 스위치를 눌러도 물체가 낙하하지 않으면 물체의 표면(철 와셔가 부착된 물체라면 철 와셔 위)에 테이프를 붙여 물체가 너무 강하게 낙하상자에 부착되지 않도록 한다.

⑥ 녹화를 종료한 뒤, 물체의 낙하가 제대로 녹화되었는지 확인한다.

⑦ Tracker 프로그램을 이용하여 녹화된 동영상을 분석한다.

⑧ 낙하 높이를 달리 설정하여 ①~⑤ 과정을 반복한다.

⑨ 낙하 물체를 바꾸어서 ①~⑥ 과정을 반복한다.

⑩ 시간 $t$에 따른 낙하거리 $h$의 그래프($h - t^2$ 그래프)를 그리고 중력 가속도 $g$를 구한다.

⑪ 시간 $t$에 따른 $y$방향의 속도 $v_y$를 그래프($v_y - t$ 그래프)로 그리고 그 기울기를 계산하여 가속도

$g$를 구한다.

⑫ 총낙하시간 $T$에 따른 높이 $h$의 그래프($h - T$ 그래프)를 그리고 중력 가속도 $g$를 구한다.

## 5. 질문 및 토의

① 물체가 지면에 닿기 직전에 위치 추적이 잘 되지 않는 이유를 논의해보시오.

② 자유낙하가 아니라 초기속도를 가진 낙하의 경우, 식 (4.1), (4.2)의 변형을 구하고 시간 $t$에 따른 $y$방향의 속도 그래프에서 중력 가속도를 구하는 방법이 어떻게 될지 논의해보시오.

# 데이터 시트

일반 물리학 실험

**실험 1**

- 물체의 질량 =

- 물체의 반지름 =

- 낙하 높이 =

| $h=$ 일 때 | | | $h=$ 일 때 | | | $h=$ 일 때 | | |
|---|---|---|---|---|---|---|---|---|
| $t$[s] | $y$[m] | $v_y$[m/s] | $t$[s] | $y$[m] | $v_y$[m/s] | $t$[s] | $y$[m] | $v_y$[m/s] |
| | | | | | | | | |
| | | | | | | | | |
| | | | | | | | | |
| | | | | | | | | |
| | | | | | | | | |
| | | | | | | | | |
| … | … | … | … | … | … | … | … | … |
| $h=$ 일 때 | | | $h=$ 일 때 | | | $h=$ 일 때 | | |
| $t$[s] | $y$[m] | $v_y$[m/s] | $t$[s] | $y$[m] | $v_y$[m/s] | $t$[s] | $y$[m] | $v_y$[m/s] |
| | | | | | | | | |
| | | | | | | | | |
| | | | | | | | | |
| | | | | | | | | |
| | | | | | | | | |
| | | | | | | | | |
| … | … | … | … | … | … | … | … | … |

**실험 2**

- 물체의 질량 =
- 물체의 반지름 =
- 낙하 높이 =

| h = 일 때 | | | h = 일 때 | | | h = 일 때 | | |
|---|---|---|---|---|---|---|---|---|
| $t$[s] | $y$[m] | $v_y$[m/s] | $t$[s] | $y$[m] | $v_y$[m/s] | $t$[s] | $y$[m] | $v_y$[m/s] |
| | | | | | | | | |
| | | | | | | | | |
| | | | | | | | | |
| | | | | | | | | |
| | | | | | | | | |
| | | | | | | | | |
| ... | ... | ... | ... | ... | ... | ... | ... | ... |
| **h = 일 때** | | | **h = 일 때** | | | **h = 일 때** | | |
| $t$[s] | $y$[m] | $v_y$[m/s] | $t$[s] | $y$[m] | $v_y$[m/s] | $t$[s] | $y$[m] | $v_y$[m/s] |
| | | | | | | | | |
| | | | | | | | | |
| | | | | | | | | |
| | | | | | | | | |
| | | | | | | | | |
| | | | | | | | | |
| ... | ... | ... | ... | ... | ... | ... | ... | ... |

**실험 3**

- 물체의 질량 =
- 물체의 반지름 =
- 낙하 높이 =

| \multicolumn{3}{c}{$h=$ 일 때} | | | \multicolumn{3}{c}{$h=$ 일 때} | | | \multicolumn{3}{c}{$h=$ 일 때} | | |
|---|---|---|---|---|---|---|---|---|
| $t$[s] | $y$[m] | $v_y$[m/s] | $t$[s] | $y$[m] | $v_y$[m/s] | $t$[s] | $y$[m] | $v_y$[m/s] |
| | | | | | | | | |
| | | | | | | | | |
| | | | | | | | | |
| | | | | | | | | |
| ... | ... | ... | ... | ... | ... | ... | ... | ... |
| \multicolumn{3}{c}{$h=$ 일 때} | | | \multicolumn{3}{c}{$h=$ 일 때} | | | \multicolumn{3}{c}{$h=$ 일 때} | | |
| $t$[s] | $y$[m] | $v_y$[m/s] | $t$[s] | $y$[m] | $v_y$[m/s] | $t$[s] | $y$[m] | $v_y$[m/s] |
| | | | | | | | | |
| | | | | | | | | |
| | | | | | | | | |
| | | | | | | | | |
| | | | | | | | | |
| ... | ... | ... | ... | ... | ... | ... | ... | ... |

# 실험 결과

**1. 특정 높이에서 자유낙하 운동의 $y - t^2$ 그래프**(한 그래프에 높이에 따른 $y - t^2$ 그래프 모두 그리기)

| | |
|---|---|
| 기울기를 통한 중력 가속도($g$)[m/s²] | |
| 기울기의 불확도를 통한 중력 가속도의 불확도[m/s²] | |
| 실험 결과[m/s²](대푯값±불확도) | |
| 상대오차[%] | |
| 상대 불확도[%] | |

‖ 기울기가 $b$일 때, 오차의 전파를 통한 중력 가속도($g$)의 불확도

$$\delta g = \sqrt{\left(\frac{\partial g}{\partial b}\delta b\right)^2} = 2\delta b$$

**2. 특정 높이에서 자유낙하 운동의 $v_y - t$ 그래프**(한 그래프에 높이에 따른 $v_y - t$ 그래프 모두 그리기)

| | |
|---|---|
| 기울기를 통한 중력 가속도($g$)[m/s²] | |
| 중력 가속도의 불확도[m/s²] | |
| 실험 결과[m/s²](대푯값±불확도) | |
| 상대오차[%] | |
| 상대 불확도[%] | |

**3. 높이 $h$와 총낙하시간 $T$의 관계**

(1) $h - T^2$의 관계

| $T$[s] | $h$[m] | $g$[m/s²] | $\delta g$[m/s²]<br>(오차의 전파로 도출한 불확도) | 상대 불확도[%] |
|---|---|---|---|---|
| | | | | |
| | | | | |
| | | | | |
| | | | | |
| ... | ... | ... | | |

‖ 오차의 전파를 통한 중력 가속도($g$)의 불확도

$$\delta g = \sqrt{\left(\frac{\partial g}{\partial h}\delta h\right)^2 + \left(\frac{\partial g}{\partial T}\delta T\right)^2} = \sqrt{\left(\frac{2}{T^2}\delta h\right)^2 + \left(\frac{4h}{T^3}\delta T\right)^2}$$

(2) $h - T^2$ 그래프

| | |
|---|---|
| 기울기를 통한 중력 가속도($g$)[m/s²] | |
| 기울기의 불확도를 통한 중력 가속도의 불확도[m/s²] | |
| 실험 결과[m/s²](대푯값±불확도) | |
| 상대오차[%] | |
| 상대 불확도[%] | |

∥ 기울기가 $b$일 때, 오차의 전파를 통한 중력 가속도($g$)의 불확도

$$\delta g = \sqrt{\left(\frac{\partial g}{\partial b} \delta b\right)^2} = 2\delta b$$

**실험 2**

**1. 특정 높이에서 자유낙하 운동의 $y - t^2$ 그래프**(한 그래프에 높이에 따른 $y - t^2$ 그래프 모두 그리기)

| | |
|---|---|
| 기울기를 통한 중력 가속도($g$)[m/s²] | |
| 기울기의 불확도를 통한 중력 가속도의 불확도[m/s²] | |
| 실험 결과[m/s²](대푯값±불확도) | |
| 상대오차[%] | |
| 상대 불확도[%] | |

∥ 기울기가 $b$일 때, 오차의 전파를 통한 중력 가속도($g$)의 불확도

$$\delta g = \sqrt{\left(\frac{\partial g}{\partial b} \delta b\right)^2} = 2\delta b$$

**2. 특정 높이에서 자유낙하 운동의 $v_y - t$ 그래프**(한 그래프에 높이에 따른 $v_y - t$ 그래프 모두 그리기)

| | |
|---|---|
| 기울기를 통한 중력 가속도($g$)[m/s²] | |
| 중력 가속도의 불확도[m/s²] | |
| 실험 결과[m/s²](대푯값±불확도) | |
| 상대오차[%] | |
| 상대 불확도[%] | |

### 3. 높이 $h$와 총낙하시간 $T$의 관계

(1) $h - T^2$의 관계

| $T\,[\mathrm{s}]$ | $h\,[\mathrm{m}]$ | $g\,[\mathrm{m/s^2}]$ | $\delta g\,[\mathrm{m/s^2}]$ (오차의 전파로 도출한 불확도) | 상대 불확도[%] |
|---|---|---|---|---|
|  |  |  |  |  |
|  |  |  |  |  |
|  |  |  |  |  |
|  |  |  |  |  |
| ... | ... | ... |  |  |

‖ 오차의 전파를 통한 중력 가속도($g$)의 불확도

$$\delta g = \sqrt{\left(\frac{\partial g}{\partial h}\delta h\right)^2 + \left(\frac{\partial g}{\partial T}\delta T\right)^2} = \sqrt{\left(\frac{2}{T^2}\delta h\right)^2 + \left(\frac{4h}{T^3}\delta T\right)^2}$$

(2) $h - T^2$ 그래프

| | |
|---|---|
| 기울기를 통한 중력 가속도($g$)[m/s²] |  |
| 기울기의 불확도를 통한 중력 가속도의 불확도[m/s²] |  |
| 실험 결과[m/s²](대푯값±불확도) |  |
| 상대오차[%] |  |
| 상대 불확도[%] |  |

‖ 기울기가 $b$일 때, 오차의 전파를 통한 중력 가속도($g$)의 불확도

$$\delta g = \sqrt{\left(\frac{\partial g}{\partial b}\delta b\right)^2} = 2\delta b$$

**실험 3**

### 1. 특정 높이에서 자유낙하 운동의 $y - t^2$ 그래프(한 그래프에 높이에 따른 $y - t^2$ 그래프 모두 그리기)

| | |
|---|---|
| 기울기를 통한 중력 가속도($g$)[m/s²] |  |
| 기울기의 불확도를 통한 중력 가속도의 불확도[m/s²] |  |
| 실험 결과[m/s²](대푯값±불확도) |  |
| 상대오차[%] |  |
| 상대 불확도[%] |  |

‖ 기울기가 $b$일 때, 오차의 전파를 통한 중력 가속도($g$)의 불확도

$$\delta g = \sqrt{\left(\frac{\partial g}{\partial b}\delta b\right)^2} = 2\delta b$$

2. 특정 높이에서 자유낙하 운동의 $v_y - t$ 그래프(한 그래프에 높이에 따른 $v_y - t$ 그래프 모두 그리기)

| | |
|---|---|
| 기울기를 통한 중력 가속도($g$)[m/s$^2$] | |
| 기울기의 불확도를 통한 중력 가속도의 불확도[m/s$^2$] | |
| 실험 결과[m/s$^2$](대푯값±불확도) | |
| 상대오차[%] | |
| 상대 불확도[%] | |

3. 높이 $h$와 총낙하시간 $T$의 관계

(1) $h - T^2$의 관계

| $T$[s] | $h$[m] | $g$[m/s$^2$] | $\delta g$[m/s$^2$] (오차의 전파로 도출한 불확도) | 상대 불확도[%] |
|---|---|---|---|---|
| | | | | |
| | | | | |
| | | | | |
| | | | | |
| ... | ... | ... | | |

∥ 오차의 전파를 통한 중력 가속도($g$)의 불확도

$$\delta g = \sqrt{\left(\frac{\partial g}{\partial h}\delta h\right)^2 + \left(\frac{\partial g}{\partial T}\delta T\right)^2} = \sqrt{\left(\frac{2}{T^2}\delta h\right)^2 + \left(\frac{4h}{T^3}\delta T\right)^2}$$

(2) $h - T^2$ 그래프

| | |
|---|---|
| 기울기를 통한 중력 가속도($g$)[m/s$^2$] | |
| 기울기의 불확도를 통한 중력 가속도의 불확도[m/s$^2$] | |
| 실험 결과[m/s$^2$](대푯값±불확도) | |
| 상대오차[%] | |
| 상대 불확도[%] | |

∥ 기울기가 $b$일 때, 오차의 전파를 통한 중력 가속도($g$)의 불확도

$$\delta g = \sqrt{\left(\frac{\partial g}{\partial b}\delta b\right)^2} = 2\delta b$$

# CHAPTER 5

# Tracker 프로그램을 사용한 포물선 운동

## 1. 실험 목적

수평면에 대해 임의의 각도로 공을 발사하면서 영상을 촬영하고 발사된 공이 수평방향과 수직방향으로 어떤 운동을 하는지 영상을 분석하여 알아본다.

## 2. 실험 원리

공기저항을 무시한다고 할 때 초기위치 $(x_0, y_0)$, 초기속력 $v_0$로 수평에 대하여 $\theta$의 각도로 공을 발사했다고 하자. 발사된 공의 $t$초 후 위치의 수평방향 성분은 다음과 같다.

$$x = x_0 + (v_0\cos\theta)t \tag{5.1}$$

그리고 같은 시간 후 위치의 수직방향 성분, 즉 공의 높이는 다음과 같다.

$$y = y_0 + (v_0\sin\theta)t - \frac{1}{2}gt^2 \tag{5.2}$$

여기서, $g$는 중력 가속도다.
　수평방향의 속도는

$$v_x = v_0\cos\theta \tag{5.3}$$

로 시간에 대해 일정하며 수직방향의 속도는 다음과 같다.

$$v_y = v_0\sin\theta - gt \tag{5.4}$$

식 (5.1)과 식 (5.2)에서 시간 $t$를 없애면 발사체의 경로방정식을 다음과 같이 구할 수 있다.

$$y = y_0 + \tan\theta\,(x - x_0) - \frac{g}{2\,(v_0\cos\theta)^2}(x - x_0)^2 \tag{5.5}$$

이 결과는 그림 5.1과 같이 $y = ax + bx^2 + c$의 형태인 포물선의 방정식이므로 발사체의 경로는 포물선을 이룬다.

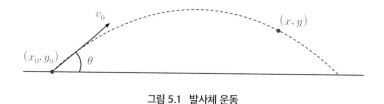

그림 5.1 발사체 운동

## 3. 실험 기구 및 재료

디지털 카메라, 클램프, 발사기, 쇠공, 줄자, Tracker 프로그램

유의사항 : Tracker 프로그램을 사용하여 시간에 따른 물체의 운동을 분석하기 위해서는 촬영하는 영상의 초당 프레임 수를 알고 있어야 하며, 또한 길이를 알고 있는 기준 눈금자가 영상 속에 들어 있어야 한다. 기준 눈금자는 줄자 또는 자를 사용해도 되고 거리를 알고 있는 두 점으로 표시해 두어도 된다.

## 4. 실험 방법

① 발사기를 그림 5.2와 같이 설치하고 클램프로 고정한다.
② 발사기의 각을 약 $30°$로 맞춘다.
③ 카메라가 실험대를 정면으로 바라보도록 한다.
④ 카메라 화면에 실험대가 수평이 되도록 조정한다.
⑤ 카메라 화면에 쇠공의 궤적이 전부 촬영될 수 있도록 조정한다.

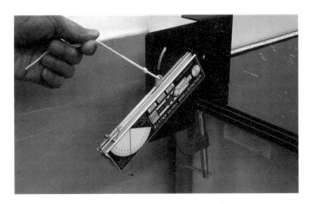

**그림 5.2 포물선 운동 발사 장치**

⑥ 발사기가 뚜렷하게 보이도록 카메라의 초점을 맞춘다.

⑦ 녹화를 시작하면서 동시에 방아쇠를 당겨 쇠공을 발사한다.

⑧ 녹화를 종료하고 물체의 낙하가 제대로 녹화되었는지 확인한다.

⑨ Tracker 프로그램을 이용하여 녹화된 동영상을 분석한다.

⑩ 공의 비행시간 $t$와 공의 수평이동거리 $x - x_0$의 그래프($x - t$ 그래프)를 그리고 기울기를 도출한다.

⑪ 공의 비행시간 $t$와 공의 수직이동거리 $y - y_0$의 그래프($y - t$ 그래프)를 그린다.

⑫ 공의 수평이동거리 $x - x_0$와 수직이동거리 $y - y_0$의 관계 그래프($y - x$ 그래프)를 그려라.

⑬ 공의 비행시간 $t$와 공의 수평방향($v_x$)과 수직방향의 속도($v_y$) 그래프($v_x - t$ 그래프, $v_y - t$ 그래프)를 그리고 값들을 구하라.

⑭ 공의 수직방향의 초기속도와 수평방향의 초기속도를 $v_x - t$ 그래프와 $v_y - t$ 그래프에서 확인하여 발사기와 지면이 이루는 각을 구하라.

⑮ 각도를 $45°$, $60°$로 변경하여 위의 과정을 되풀이하라.


유의사항 : 공 발사실험을 할 때는 항상 보안경을 착용하라. 발사구를 직접 눈으로 보는 것은 절대 안 된다. 발사된 공이 얼굴 부위에 맞지 않도록 항상 주의해야 한다.


## 5. 질문 및 토의

공이 공받게에 직접 충돌하지 않고 표적판을 통해서 진동을 전달하게 됨으로써 발생할 수 있는 시간의 오차를 추정해보라.

**실험 1**    **각도가 30°일 때**

- 초기속도를 이용하여 도출한 각도 =
- 수평방향 초기위치($x_0$) =
- 수직방향 초기위치($y_0$) =

| 시간 $t$ [s] | 수평위치 $x$ [m] | 높이 $y$ [m] | 수평속도 $v_x$ [m/s] | 수직속도 $v_y$ [m/s] |
|---|---|---|---|---|
| 0 | $x_0$ | $y_0$ | | |
| | | | | |
| | | | | |
| | | | | |
| | | | | |
| | | | | |
| | | | | |
| | | | | |
| | | | | |
| | | | | |

**실험 2**    **각도가 45°일 때**

- 초기속도를 이용하여 도출한 각도 =
- 수평방향 초기위치($x_0$) =
- 수직방향 초기위치($y_0$) =

| 시간 $t$ [s] | 수평위치 $x$ [m] | 높이 $y$ [m] | 수평속도 $v_x$ [m/s] | 수직속도 $v_y$ [m/s] |
|---|---|---|---|---|
| 0 | $x_0$ | $y_0$ | | |
| | | | | |
| | | | | |
| | | | | |
| | | | | |
| | | | | |
| | | | | |
| | | | | |
| | | | | |
| | | | | |

**실험 3**

**각도가 60°일 때**

- 초기속도를 이용하여 도출한 각도 =
- 수평방향 초기위치($x_0$) =
- 수직방향 초기위치($y_0$) =

| 시간 $t$ [s] | 수평위치 $x$ [m] | 높이 $y$ [m] | 수평속도 $v_x$ [m/s] | 수직속도 $v_y$ [m/s] |
|---|---|---|---|---|
| 0 | $x_0$ | $y_0$ | | |
| | | | | |
| | | | | |
| | | | | |
| | | | | |
| | | | | |
| | | | | |
| | | | | |
| | | | | |
| | | | | |

## 실험 1    각도가 30°일 때

### (1) $x-t$, $y-t$ 그래프

| $x-t$ 그래프 | 기울기 $(v_0\cos\theta)$ | | $\tan\theta$ | |
|---|---|---|---|---|
| | $t$의 계수 $(v_0\sin\theta)$ | | | |
| $y-t$ 그래프 | $t^2$의 계수 $\left(\dfrac{1}{2}g\right)$ | | | |
| | 상대오차[%] | | | |

### (2) $y-x$ 그래프(측정값과 이론값을 한 그래프에 모두 나타내기)

| | 측정값 | 이론값 |
|---|---|---|
| $x$[m] | $y$[m] | $y$[m] |
| | | |
| | | |
| | | |
| | | |
| | | |
| … | … | … |

‖ 이론값 : $y = y_0 + \tan\theta(x-x_0) - \dfrac{g}{2(v_0\cos\theta)^2}(x-x_0)^2$

### (3) $v_x-t$, $v_y-t$ 그래프

| $v_x-t$ 그래프 | 기울기 | | | |
|---|---|---|---|---|
| | 기울기에 대한 오차[m/s] | | | |
| $v_y-t$ 그래프 | 기울기 | | | |
| | 기울기에 대한 상대오차[%] | | | |
| | 상대 불확도[%] | | | |
| 절편 | $v_x-t$ 그래프에서 $v_x$ 절편 $(v_0\cos\theta)$ | | $\tan\theta$ | |
| | $v_y-t$ 그래프에서 $v_y$ 절편 $(v_0\sin\theta)$ | | | |

(4) 발사 각도

|  | 측정값[°] | 이론값[°] | 상대오차[%] |
|---|---|---|---|
| $x-t, y-t$ 그래프에서 도출 |  | 30 |  |
| $v_x-t, v_y-t$ 그래프에서 도출 |  |  |  |

**실험 2**  **각도가 45°일 때**

(1) $x-t, y-t$ 그래프

| $x-t$ 그래프 | 기울기$(v_0\cos\theta)$ |  | $\tan\theta$ |  |
|---|---|---|---|---|
|  | $t$의 계수$(v_0\sin\theta)$ |  |  |  |
| $y-t$ 그래프 | $t^2$의 계수$\left(\dfrac{1}{2}g\right)$ |  |  |  |
|  | 상대오차[%] |  |  |  |

(2) $y-x$ 그래프(측정값과 이론값을 한 그래프에 모두 나타내기)

|  | 측정값 | 이론값 |
|---|---|---|
| $x\,[\mathrm{m}]$ | $y\,[\mathrm{m}]$ | $y\,[\mathrm{m}]$ |
|  |  |  |
|  |  |  |
|  |  |  |
|  |  |  |
|  |  |  |
|  |  |  |
| $\cdots$ | $\cdots$ | $\cdots$ |

∥ 이론값 : $y = y_0 + \tan\theta\,(x - x_0) - \dfrac{g}{2(v_0\cos\theta)^2}(x - x_0)^2$

(3) $v_x - t, v_y - t$ 그래프

| $v_x - t$ 그래프 | 기울기 | | | |
|---|---|---|---|---|
| | 기울기에 대한 오차[m/s] | | | |
| $v_y - t$ 그래프 | 기울기 | | | |
| | 기울기에 대한 상대오차[%] | | | |
| | 상대 불확도[%] | | | |
| 절편 | $v_x - t$ 그래프에서 $v_x$절편($v_0\cos\theta$) | | $\tan\theta$ | |
| | $v_y - t$ 그래프에서 $v_y$절편($v_0\sin\theta$) | | | |

(4) 발사 각도

| | 측정값[°] | 이론값[°] | 상대오차[%] |
|---|---|---|---|
| $x - t, y - t$ 그래프에서 도출 | | 45 | |
| $v_x - t, v_y - t$ 그래프에서 도출 | | | |

**실험 3** **각도가 60°일 때**

(1) $x - t, y - t$ 그래프

| $x - t$ 그래프 | 기울기($v_0\cos\theta$) | | $\tan\theta$ | |
|---|---|---|---|---|
| $y - t$ 그래프 | $t$의 계수($v_0\sin\theta$) | | | |
| | $t^2$의 계수$\left(\dfrac{1}{2}g\right)$ | | | |
| | 상대오차[%] | | | |

(2) $y - x$ 그래프(측정값과 이론값을 한 그래프에 모두 나타내기)

| | 측정값 | 이론값 |
|---|---|---|
| $x\,[\text{m}]$ | $y\,[\text{m}]$ | $y\,[\text{m}]$ |
| | | |
| | | |
| | | |
| | | |
| | | |
| | | |
| ... | ... | ... |

‖ 이론값 : $y = y_0 + \tan\theta(x - x_0) - \dfrac{g}{2(v_0\cos\theta)^2}(x - x_0)^2$

(3) $v_x - t, v_y - t$ 그래프

| | | | |
|---|---|---|---|
| $v_x - t$ 그래프 | 기울기 | | |
| | 기울기에 대한 오차[m/s] | | |
| $v_y - t$ 그래프 | 기울기 | | |
| | 기울기에 대한 상대오차[%] | | |
| | 상대 불확도[%] | | |
| 절편 | $v_x - t$ 그래프에서 $v_x$절편($v_0\cos\theta$) | | $\tan\theta$ |
| | $v_y - t$ 그래프에서 $v_y$절편($v_0\sin\theta$) | | |

(4) 발사 각도

| | 측정값[˚] | 이론값[˚] | 상대오차[%] |
|---|---|---|---|
| $x - t,\ y - t$ 그래프에서 도출 | | 60 | |
| $v_x - t,\ v_y - t$ 그래프에서 도출 | | | |

# CHAPTER 6
# 힘의 평형

## 1. 실험 목적

힘 합성대를 이용하여 한 점에 작용하는 여러 힘의 평형조건을 알아보고 힘 벡터의 분해와 합성을 할 수 있다.

## 2. 실험 원리

물체에 작용하는 외력의 합이 0이 되거나 돌림힘의 합이 0일 때 물체는 평형 상태에 있다고 한다. 따라서 물체가 평형 상태에 있으려면 다음과 같이 병진과 회전에 관한 평형을 동시에 만족하여야 한다.

① **병진 평형** : 물체에 작용하는 모든 힘의 합이 0이 되어야 한다. 즉, 이 식은 물체의 속도가 일정(혹은 0)함을 의미한다.

$$\sum_i \vec{F_i} = 0 \tag{6.1}$$

② **회전 평형** : 임의의 점에 대한 돌림힘의 합이 0이 되어야 한다. 즉, 이 식은 각운동량이 일정(혹은 0)함을 의미한다.

$$\sum_i \vec{\tau_i} = 0 \tag{6.2}$$

하지만 본 실험은 한 점에 작용하는 세 힘의 평형을 생각하므로 병진 평형 조건만 만족하면 된다.

힘은 벡터양으로 크기와 방향을 함께 가지는 물리량이므로 힘 벡터의 분해와 합성을 통하여 힘의 평형 조건에 관한 논의를 할 수 있다. 벡터를 분해하고 합성하는 방법으로는 도식법(또는 작도법)과 해석법이 있다.

## 1) 도식법에 따른 벡터 합성

도식법에 따른 벡터 합성이란 합을 구하고자 하는 벡터를 그림으로 그려서 벡터 합을 구하는 것이다. 벡터인 물리량은 화살표로 나타낸다. 화살표의 길이는 물리량의 크기를, 화살표의 방향은 물리량의 방향을, 화살표 시작점은 물리량의 작용점을 나타낸다. 그림 6.1(a)에 주어진 두 힘 $\vec{F_A}$와 $\vec{F_B}$의 합을 구해보자. 그림 6.1(b)와 같이 두 힘 벡터의 크기에 비례하는 길이를 갖는 두 변으로 이뤄진 평행사변형을 그리고 두 벡터의 출발점으로부터 대각선을 그린다. 이 대각선 벡터로부터 합력 $\vec{F_A} + \vec{F_B}$의 크기와 방향을 알 수 있다.

두 개 이상의 힘의 합력을 구할 때는 다각형법을 사용하면 편리한데, 이것을 그림 6.1(c)에서 보여주고 있다. 처음에 벡터 $\vec{F_A}$의 화살표 끝에서 벡터 $\vec{F_B}$를 그린다. 그리고 벡터 $\vec{F_B}$의 화살표 끝에 시작점이 오게 벡터 $\vec{F_C}$를 그린다. 이때 벡터 $\vec{F_A}$의 시작점으로부터 벡터 $\vec{F_B}$의 끝을 연결하면 벡터 $\vec{F_A}$와 $\vec{F_B}$의 합인 벡터 $\vec{F_A} + \vec{F_B}$(검은색 점선)가 되고 벡터 $\vec{F_A}$의 시작점으로부터 벡터 $\vec{F_C}$의 끝을 연결하면 벡터 $\vec{F_A}$, $\vec{F_B}$, $\vec{F_C}$의 합인 벡터 $\vec{F_A} + \vec{F_B} + \vec{F_C}$(보라색 점선)가 된다. 같은 방법으로 여러 개의 벡터 합을 구할 수 있다.

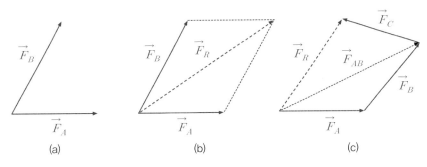

(a)      (b)      (c)

**그림 6.1 도식법에 따른 벡터 합성**

## 2) 해석법에 따른 합성

두 벡터의 합은 sine과 cosine의 법칙을 이용하여 해석적으로 구할 수 있다. 그림 6.2와 같은 두 벡터 $\vec{F_A}$, $\vec{F_B}$를 생각하자. 두 벡터 사이의 각을 $\phi_{BA}$라고 하면, 이 그림에서 합력 $\vec{F_R}$의 크기는 다음 식으로 구할 수 있다.

$$
\begin{aligned}
|\vec{F_R}|^2 &= (|\vec{F_A}| + |\vec{F_B}|\cos\phi_{BA})^2 + (|\vec{F_B}|\sin\phi_{BA})^2 \\
&= |\vec{F_A}|^2 + |\vec{F_B}|^2\cos^2\phi_{BA} + 2|\vec{F_A}||\vec{F_B}|\cos\phi_{BA} + |\vec{F_B}|^2\sin^2\phi_{BA} \\
&= |\vec{F_A}|^2 + |\vec{F_B}|^2(\cos^2\phi_{BA} + \sin^2\phi_{BA})^2 + 2|\vec{F_A}||\vec{F_B}|\cos\phi_{BA} \\
&= |\vec{F_A}|^2 + |\vec{F_B}|^2 + 2|\vec{F_A}||\vec{F_B}|\cos\phi_{BA}
\end{aligned}
\tag{6.3}
$$

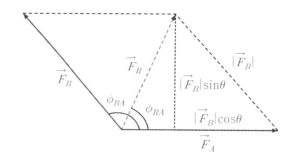

그림 6.2 해석법에 따른 합성

$$|\vec{F_R}| = \sqrt{|\vec{F_A}|^2 + |\vec{F_B}|^2 + 2|\vec{F_A}||\vec{F_B}|\cos\phi_{BA}} \tag{6.4}$$

이때 합력 $\vec{F_R}$과 힘 $\vec{F_A}$ 사이의 각 $\phi_{RA}$는

$$\tan\phi_{RA} = \frac{|\vec{F_B}|\sin\phi_{BA}}{|\vec{F_A}| + |\vec{F_B}|\cos\phi_{BA}} \tag{6.5}$$

로 구할 수 있다. $\phi_{RA}$ 값은 식 (6.5)의 분모인 $|\vec{F_A}| + |\vec{F_B}|\cos\phi_{BA}$가 양이냐 음이냐에 따라 다음과 같이 계산 방법이 나뉜다.

$$\phi_{RA} = \tan^{-1}\left(\frac{|\vec{F_B}|\sin\phi_{BA}}{|\vec{F_A}| + |\vec{F_B}|\cos\phi_{BA}}\right) \quad (|\vec{F_A}| + |\vec{F_B}|\cos\phi_{BA} > 0 일 \ 때) \tag{6.6}$$

$$\phi_{RA} = \pi - \tan^{-1}\left(\frac{|\vec{F_B}|\sin\phi_{BA}}{|\vec{F_A}| + |\vec{F_B}|\cos\phi_{BA}}\right) \quad (|\vec{F_A}| + |\vec{F_B}|\cos\phi_{BA} < 0 일 \ 때) \tag{6.7}$$

두 힘 $\vec{F_A}$, $\vec{F_B}$와 또 하나의 힘 $\vec{F_C}$가 평형을 이루기 위해서는 같은 평면 위에서 세 힘의 합이 0이어야 하므로 $\vec{F_C} = -(\vec{F_A} + \vec{F_B})$를 만족해야 한다(그림 6.3). 즉, 평형 상태에서 $\vec{F_C}$는 두 힘의 합인 $\vec{F_R}$과 크기는 같고 방향이 반대인 힘이 되어 $\vec{F_C} = -\vec{F_R}$이고, 힘 $\vec{F_C}$와 힘 $\vec{F_A}$ 사이의 각도 $\phi_{CA}$는 $\phi_{RA}$보다 $180°$ 큰 값을 가지게 되어 $\phi_{CA}$는 다음과 같다.

$$\phi_{CA} = \pi + \phi_{RA} \tag{6.8}$$

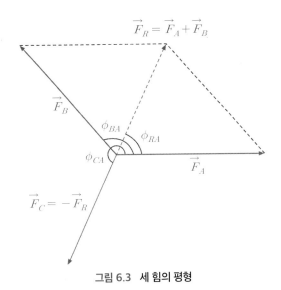

$$\vec{F}_R = \vec{F}_A + \vec{F}_B$$

$\phi_{BA}$   $\phi_{RA}$

$\vec{F}_B$

$\phi_{CA}$

$\vec{F}_A$

$\vec{F}_C = -\vec{F}_R$

그림 6.3  세 힘의 평형

## 3. 실험 기구 및 재료

힘 합성대, 추, 전자저울

## 4. 실험 방법

① 세 쌍의 도르래와 추걸이를 그림 6.4와 같이 힘 합성대에 장치한다.

② 추걸이에 걸려 있는 실들이 합성대의 표면과 나란하도록 도르래의 높이를 조절한다. 이때, 실이 합성대 표면에 닿아서는 안 된다.

‖ 추걸이 C에 연결된 실이 원판의 0°에 위치하도록 한다.

③ 먼저 추걸이 A, B, C에 같은 질량을 올려놓은 후 각도를 조절하여 평형 상태가 되도록 맞춘다.

④ 평형이 이루어졌는지를 확인하기 위해서 평형판(실이 묶여 있는 중앙의 투명한 원판)이 합성대 원판의 중심에 있는지를 확인한다(그림 6.5).

⑤ 평형 상태가 확인되면 각 추의 질량과 실이 위치한 각도를 읽고 힘 사이의 각도를 계산하여 기록한다.

⑥ 추의 질량을 다르게 한 후 각도를 바꾸어 가며 평형 조건을 찾는다.

⑦ $F_A$, $F_B$, $\phi_{BA}$를 바탕으로 도식법과 해석법으로 도출한 결과와 비교한다. 단, 도식법은 모눈종이를 사용하여 세 힘을 표현한다.

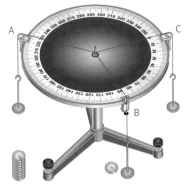

그림 6.4  힘 합성대

유의사항 : 도식법으로 도출할 때, 모눈종이를 사용해야 한다. 힘의 크기를 모눈종이에 잘 나타낼 수 있도록 비율을 조절하여 화살표로 나타내야 하는데, 이때 화살표의 길이는 힘의 크기에 비례하며, 화살표의 방향은 힘의 방향을 의미한다. 예를 들어, 1.50 N의 힘을 1 cm로 나타내었을 때, 3.74 N의 힘은 1.50 N : 1 cm = 3.74 N : $x$ 라는 비례식을 통하여 약 2.49 cm의 화살표 길이로 표현할 수 있다.

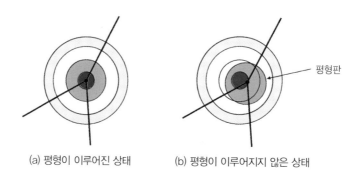

(a) 평형이 이루어진 상태　　　(b) 평형이 이루어지지 않은 상태

평형판

**그림 6.5　평형 상태 확인**

## 5. 질문 및 토의

관계식 $\dfrac{|\vec{F_A}|}{\sin\phi_{BC}} = \dfrac{|\vec{F_B}|}{\sin\phi_{CA}} = \dfrac{|\vec{F_C}|}{\sin\phi_{AB}}$ 가 만족되는지 확인해보자.

# 데이터 시트

| | $m_A$[kg] | $m_B$[kg] | $m_C$[kg] | $\phi_{BA}$[˚] | $\phi_{CA}$[˚] |
|---|---|---|---|---|---|
| 1 | | | | | |
| 2 | | | | | |
| 3 | | | | | |
| 4 | | | | | |

# 실험 결과

| | 측정값 | | 이론값 | | | | |
|---|---|---|---|---|---|---|---|
| | | | 도식법 (모눈종이에 그려서 도출하기) | | 해석법 (해석법 식으로 도출하기) | | |
| | $F_C[\text{N}]$ $(F_C = m_C g)$ | $\phi_{CA}[°]$ | $F_C'[\text{N}]$ | $\phi'_{CA}[°]$ (각도기로 측정) | $F_C''[\text{N}]$ | $\phi''_{RA}[°]$ | $\phi''_{CA}[°]$ $(\phi''_{CA} = \pi + \phi''_{RA})$ |
| 1 | | | | | | | |
| 2 | | | | | | | |
| 3 | | | | | | | |
| 4 | | | | | | | |

‖ $F$의 위첨자 ′, ″ 기호는 아래의 표에서 상대오차를 구할 때, 이론값과 구분하기 위하여 표시한 기호일 뿐이다.

| | 도식법에 의한 상대오차[%] | | 해석법에 의한 상대오차[%] | |
|---|---|---|---|---|
| | $\dfrac{\|F_C' - F_C\|}{F_C'} \times 100$ | $\dfrac{\|\phi_{CA}' - \phi_{CA}\|}{\phi_{CA}'} \times 100$ | $\dfrac{\|F_C'' - F_C\|}{F_C''} \times 100$ | $\dfrac{\|\phi_{CA}'' - \phi_{CA}\|}{\phi_{CA}''} \times 100$ |
| 1 | | | | |
| 2 | | | | |
| 3 | | | | |
| 4 | | | | |

‖ $F_C$는 이론값으로 추와 추걸이 $C$의 중력이다. $F_C'$은 도식법에서 그린 $C$의 화살표 길이(측정값)를 의미하며, $F_C''$은 해석법의 공식으로부터 도출한 측정값이다.

# CHAPTER 7

# Tracker 프로그램을 사용한 힘과 가속도

## 1. 실험 목적

일정한 힘을 가한 수레가 운동하는 장면을 촬영하고 이 영상을 분석하여 속도의 시간에 대한 변화 및 등가속도 운동을 알고 Newton 제2법칙을 이해한다.

## 2. 실험 원리

한 입자 운동량의 변화는 다른 입자와의 상호작용에서 기인하는데, 이 상호작용은 힘이라는 개념으로 나타낸다. Newton 제2법칙으로부터 힘 $\vec{F}$는 다음과 같이 나타난다.

$$\vec{F} = \frac{d\vec{p}}{dt} \tag{7.1}$$

이 관계식은 "한 입자의 운동량의 시간 변화율은 입자에 가해진 힘과 같다."라는 것을 나타낸다. 운동량의 정의로부터 식 (7.1)은 다음과 같이 쓸 수 있다.

$$\vec{F} = \frac{d(m\vec{v})}{dt} \tag{7.2}$$

또한 질량이 일정한 경우에는

$$\vec{F} = m\frac{d\vec{v}}{dt} \tag{7.3}$$

혹은

$$\vec{F} = m\vec{a} \tag{7.4}$$

가 된다. 식 (7.4)에서 힘이 일정하면 가속도($\vec{a} = \vec{F}/m$) 또한 일정하고 가속도의 방향은 힘의 방향과 같은 방향임을 알 수 있다.

$x$방향의 일차원 등가속도 직선운동인 경우 초기시간이 $t_0$이고 초기속도를 $v_0$라고 하면

$$v = v_0 + a_x(t - t_0) \tag{7.5}$$

$$x = x_0 + v_0(t - t_0) + \frac{1}{2}a_x(t - t_0)^2 \tag{7.6}$$

이다. 식 (7.5), (7.6)에서 $t - t_0$를 소거하면 아래와 같은 유용한 관계식을 얻을 수 있다.

$$v^2 - v_0^2 = 2a_x(x - x_0) \tag{7.7}$$

## 3. 실험 기구 및 재료

디지털 카메라, 삼각대, 줄자, 트랙, 수레, 수평계, 추세트, 추걸이, Tracker 프로그램

유의사항 : Tracker 프로그램을 사용하여 시간에 따른 물체의 운동을 분석하기 위해서는 촬영하는 영상의 초당 프레임 수를 알고 있어야 하며 또한 길이를 알고 있는 기준 눈금자가 영상 속에 들어 있어야 한다. 기준 눈금자는 줄자 또는 자를 사용해도 되고 거리를 알고 있는 두 점으로 표시해두어도 된다.

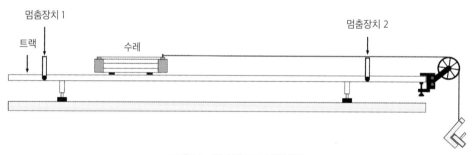

그림 7.1 힘과 가속도 실험 장치

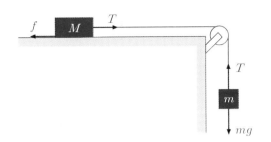

그림 7.2 작용하는 힘

# 4. 실험 방법

| 실험 1 | 수레에 작용하는 힘의 증가에 따른 가속도 측정 |

① 그림 7.1과 같이 장치(추와 추걸이는 제외)를 구성한다. 수평 조절나사를 돌려 수평을 맞추고 수레가 스스로 굴러가지 않음을 확인한다. 트랙 위의 눈금자가 실험자에 가까운 쪽을 향하도록 트랙의 방향을 정한다.

② 수레에 카메라가 쉽게 인식할 수 있도록 표식을 부착한다.

③ 수레와 추걸이의 질량을 측정한다.

④ 추걸이를 설치하고 수레를 최대한 당겼을 때 추걸이가 도르래에 닿지 않도록 멈춤장치 1의 위치를 정하여 고정한다. 그리고 추걸이가 바닥에 닿기 전에 수레가 멈출 수 있도록 멈춤장치 2의 위치와 실의 길이를 조정한다(추와 추걸이가 낙하하여 바닥에 부딪히면 추걸이가 쉽게 파손된다).

⑤ 카메라가 실험대를 정면으로 바라보도록 한다.

⑥ 카메라 화면에 실험대가 수평이 되도록 조정한다.

⑦ 카메라 화면에 수레가 전부 촬영될 수 있도록 조정한다.

⑧ 수레가 뚜렷하게 보이도록 카메라의 초점을 맞춘다.

⑨ 녹화를 시작하면서 동시에 추와 추걸이를 놓는다.

⑩ 수레가 멈춤장치 2에 도달하였을 때, 녹화를 종료한다.

⑪ 녹화를 종료하고 수레의 운동이 제대로 녹화되었는지 확인한다.

⑫ 수레가 멈춤장치 2에 도달하였을 때, 녹화를 종료한다.

⑬ 카메라를 컴퓨터에 연결하고 Tracker 프로그램을 이용하여 녹화된 동영상을 분석한다.

⑭ 시간 $t$에 따른 $x$방향의 속도를 그래프($v_x - t$ 그래프)로 그리고 그 기울기를 구하여 가속도 $a$를 도출한다.

⑮ 추의 질량을 증가시키면서 과정을 반복한다.

⑯ 추와 추걸이에 의한 힘($W = mg$)과 수레의 가속도와의 관계 그래프($a - W$ 그래프)를 그린다.

① 수레용 추를 모두 올렸을 때, 수레의 속도가 너무 느리지 않도록 추걸이에 추를 단다.

② 녹화를 시작함과 동시에 적당한 위치에서 수레를 출발시킨다.

③ 수레가 멈춤장치 2에 도달하였을 때, 녹화를 종료한다.

④ 카메라를 컴퓨터에 연결하고 Tracker 프로그램을 이용하여 녹화된 동영상을 분석한다.

⑤ 수레용 추 1개의 질량을 측정한 후 수레에 올리고 ①~④의 과정을 반복한다.

⑥ 또 다른 수레용 추 1개의 질량을 측정한 후 수레에 더하고 ①~④의 과정을 반복한다.

⑦ 수레와 수레용 추를 합한 질량($M$)과 수레의 가속도와의 관계 그래프($a - M$ 그래프)를 그린다.

## 5. 질문 및 토의

① 수레의 가속도가 매달린 추와 추걸이의 질량에 비례하는가? 그 결과가 이론에서 예상한 결과와 일치하는가?

② 수레의 운동을 방해하는 원인을 나열해보자.

③ 측정 결과를 사용하여 마찰력을 구할 수 있는가?

④ 수레에서 발생하는 마찰력의 측정 방법을 생각해보자.

# 데이터 시트

CHAPTER 7 에 해당하는 내용

---

**실험 1**  **수레에 작용하는 힘의 증가에 따른 가속도 측정**

- 수레의 질량 =
- 추걸이의 질량 =
- 수레의 폭 =

| 추의 질량이 [　]일 때 | | | 추의 질량이 [　]일 때 | | | 추의 질량이 [　]일 때 | | |
|---|---|---|---|---|---|---|---|---|
| $t$[s] | $x$[m] | $v_x$[m/s] | $t$[s] | $x$[m] | $v_x$[m/s] | $t$[s] | $x$[m] | $v_x$[m/s] |
| | | | | | | | | |
| | | | | | | | | |
| | | | | | | | | |
| | | | | | | | | |
| | | | | | | | | |
| | | | | | | | | |
| | | | | | | | | |
| | | | | | | | | |
| | | | | | | | | |
| | | | | | | | | |
| | | | | | | | | |
| | | | | | | | | |
| | | | | | | | | |
| ... | ... | ... | ... | ... | ... | ... | ... | ... |

| 추의 질량이 [    ]일 때 | | | 추의 질량이 [    ]일 때 | | |
|---|---|---|---|---|---|
| $t$[s] | $x$[m] | $v_x$[m/s] | $t$[s] | $x$[m] | $v_x$[m/s] |
|  |  |  |  |  |  |
|  |  |  |  |  |  |
|  |  |  |  |  |  |
|  |  |  |  |  |  |
|  |  |  |  |  |  |
|  |  |  |  |  |  |
|  |  |  |  |  |  |
|  |  |  |  |  |  |
|  |  |  |  |  |  |
|  |  |  |  |  |  |
|  |  |  |  |  |  |
|  |  |  |  |  |  |
|  |  |  |  |  |  |
|  |  |  |  |  |  |
| ... | ... | ... | ... | ... | ... |

**실험 2**    **수레의 질량 증가에 따른 가속도 측정**

- 수레의 질량 =

- 추걸이의 질량 =

- 수레의 폭 =

| 수레의 질량이 [    ]일 때 | | | 수레의 질량이 [    ]일 때 | | | 수레의 질량이 [    ]일 때 | | |
|---|---|---|---|---|---|---|---|---|
| $t$[s] | $x$[m] | $v_x$[m/s] | $t$[s] | $x$[m] | $v_x$[m/s] | $t$[s] | $x$[m] | $v_x$[m/s] |
| | | | | | | | | |
| | | | | | | | | |
| | | | | | | | | |
| | | | | | | | | |
| | | | | | | | | |
| | | | | | | | | |
| | | | | | | | | |
| | | | | | | | | |
| | | | | | | | | |
| | | | | | | | | |
| | | | | | | | | |
| | | | | | | | | |
| | | | | | | | | |
| ... | ... | ... | ... | ... | ... | ... | ... | ... |

# 실험 결과

**실험 1**    **수레에 작용하는 힘의 증가에 따른 가속도 측정**

(1) 불확도

| m [kg] | 합성 표준 불확도 | | $\delta a$[m/s$^2$] | $\delta a$의 상대 불확도[%] |
|---|---|---|---|---|
| | $\delta m$[kg] | $\delta M$[kg] | | |
| | | | | |
| | | | | |
| | | | | |
| | | | | |

∥ 오차의 전파를 통한 가속도($a$)의 불확도

$$\delta a = \sqrt{\left(\frac{\partial a}{\partial m}\delta m\right)^2 + \left(\frac{\partial a}{\partial M}\delta M\right)^2} = \sqrt{\left(\frac{Mg}{(M+m)^2}\delta m\right)^2 + \left(\frac{mg}{(M+m)^2}\delta M\right)^2}$$

(2) $v_x - t$ 그래프(고무줄 개수에 따른 결과들을 한 그래프에 나타내기)

| 추의 질량 | 기울기[m/s$^2$] | 기울기의 불확도[m/s$^2$] | 상대 불확도[%] |
|---|---|---|---|
| | | | |
| | | | |
| | | | |

(3) $a - W$ 그래프(측정값과 이론값을 한 그래프에 나타내기)

| $W$[N] | $a$ 측정값[m/s$^2$] | $a$ 이론값[m/s$^2$] |
|---|---|---|
| | | |
| | | |
| | | |
| | | |
| | | |

**실험 2**

**수레의 질량 증가에 따른 가속도 측정**

(1) 불확도

| $m$[kg] | 합성 표준 불확도 | | $\delta a$[m/s$^2$] | $\delta a$의 상대 불확도[%] |
|---|---|---|---|---|
| | $\delta m$[kg] | $\delta M$[kg] | | |
| | | | | |
| | | | | |
| | | | | |
| | | | | |
| | | | | |

(2) $v_x - t$ 그래프(고무줄 개수에 따른 결과들을 한 그래프에 나타내기)

| 물체의 질량 | 기울기[m/s$^2$] | 기울기의 불확도[m/s$^2$] | 상대 불확도[%] |
|---|---|---|---|
| | | | |
| | | | |
| | | | |

(3) $a - M$ 그래프(측정값과 이론값의 그래프 비교)

| $M$[kg] | $a$ 측정값[m/s$^2$] | $a$ 이론값[m/s$^2$] |
|---|---|---|
| | | |
| | | |
| | | |
| | | |
| | | |

# CHAPTER 8

# Tracker 프로그램을 사용한 선운동량 보존 법칙

## 1. 실험 목적

공기 미끄럼대 위에서 수레를 사용하여 1차원 탄성충돌과 비탄성충돌 실험을 하고 이를 영상으로 촬영하여 수레들의 운동을 분석한 결과로부터 충돌 전후의 선운동량과 운동에너지의 변화를 알아본다.

## 2. 실험 원리

운동량 $\vec{P}$는 물체의 질량 $m$에 그 물체의 속도 $\vec{v}$를 곱한 양으로 정의된다. 즉,

$$\vec{P} = m\vec{v} \tag{8.1}$$

로 나타내며, 벡터양으로서 속도와 같은 방향이다. 그리고 운동량 보존 법칙이란 고립계(즉, 계 내의 입자들은 상호작용하지만 계 외부와는 상호작용하지 않는 계)의 총운동량은 보존된다는 것이며, 다음과 같이 나타낼 수 있다.

$$\vec{P} = \sum_i \vec{P_i} = \vec{P_1} + \vec{P_2} + \vec{P_3} + \cdots = 일정 \tag{8.2}$$

따라서 입자들이 서로 충돌할 경우, 운동량 보존 법칙에 따라 충돌 전 운동량의 합은 충돌 후 운동량의 합과 같다.

### 1) 완전탄성충돌인 경우

일차원에서 정지($\vec{v_2} = 0$)해 있는 한 물체에 다른 한 물체가 속도 $\vec{v_1}$으로 충돌할 때 충돌 후 두 물체의 속도를 구해보자. 그림 8.1과 같이 충돌한 후 물체 1과 물체 2의 속도가 각각 $\vec{v_1}'$과 $\vec{v_2}'$이 된다고 하면 완전탄성충돌의 경우 운동량과 운동에너지가 모두 보존되므로 다음처럼 된다.

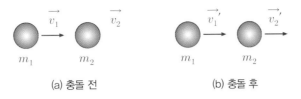

(a) 충돌 전                    (b) 충돌 후

그림 8.1 두 물체의 충돌 전후 상태

$$m_1\vec{v_1} = m_1\vec{v_1}' + m_2\vec{v_2}' \tag{8.3}$$

$$\frac{1}{2}m_1v_1^2 = \frac{1}{2}m_1v_1'^2 + \frac{1}{2}m_2v_2'^2 \tag{8.4}$$

두 식을 연립하면 다음과 같이 된다.

$$v_2' = \frac{2m_1}{m_1 + m_2}v_1 \tag{8.5}$$

$$v_1' = \frac{m_1 - m_2}{m_1 + m_2}v_1 \tag{8.6}$$

따라서 충돌 후 물체 2는 항상 양의 속도가 되지만 물체 1은 질량 $m_1$과 $m_2$의 크기에 따라 속도가 0, 음 또는 양이 된다.

## 2) 완전비탄성충돌

정지($\vec{v_2} = 0$)해 있는 질량 $m_2$인 물체에 질량이 $m_1$인 물체가 속도 $\vec{v_1}$으로 충돌한 후 두 물체가 결합하여 속도가 $\vec{v_2}'$이 되었을 때를 생각하자. 이 경우 운동량은 보존되지만, 운동에너지는 보존되지 않는다. 운동량 보존 법칙에 의하면 다음과 같이 된다.

$$\vec{P_1} + \vec{P_2} = \vec{P_1}' + \vec{P_2}' \rightarrow m_1\vec{v_1} = (m_1 + m_2)\vec{v_2}' \tag{8.7}$$

만일 두 물체의 질량이 같다면 충돌 후 결합한 물체의 속도 $\vec{v_2}'$은 다음과 같다.

$$\vec{v_2}' = \frac{\vec{v_1}}{2} \tag{8.8}$$

## 3. 실험 기구 및 재료

디지털 카메라, 삼각대, 공기 미끄럼대(air track), 송풍기, 수레, 수평계, 추, 저울, 자, Tracker 프로그램

유의사항 : Tracker 프로그램을 사용하여 시간에 따른 물체의 운동을 분석하기 위해서는 촬영하는 영상의 초당 프레임 수를 알고 있어야 하며, 또한 길이를 알고 있는 기준 눈금자가 영상 속에 들어 있어야 한다. 기준 눈금자는 줄자 또는 자를 사용해도 되고 거리를 알고 있는 두 점으로 표시해두어도 된다.

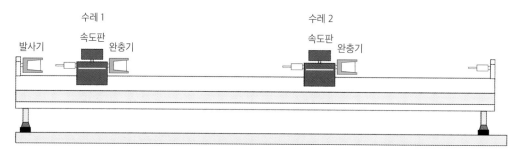

그림 8.2  실험 장치

## 4. 실험 방법

① 공기 미끄럼대에 송풍기를 연결하고 수평계를 사용하여 미끄럼대가 수평이 되도록 조정한다.

② 송풍기를 켜고 수레를 미끄럼대의 가운데 올려놓고 수레가 움직이는지 확인한다. 만약 수레가 한 쪽 방향으로 움직이면 미끄럼대의 수평을 다시 조정하고 송풍기의 출력을 적당하게 조절한다.

③ Tacker 프로그램이 수레의 운동을 추적하기 쉽도록 각 수레의 같은 위치에 표식을 부착한다.

④ 공기 미끄럼대에서 떨어진 곳에 카메라를 설치한다.

⑤ 카메라가 실험대를 정면으로 바라보도록 한다.

⑥ 카메라 화면의 수평을 맞추고 공기 미끄럼대에 카메라의 초점을 맞춘다.

⑦ 미끄럼대의 한쪽 끝에 있는 수레 발사기를 사용하여 수레 하나를 발사한다. 발사기의 고무줄 수축 정도를 조정하여 발사하는 힘의 크기를 조절한다. 이때 가하는 힘이 가능한 한 수평으로 작용하도록 한다. 몇 차례 예비 실험을 한 후 실험한다.

⑧ 각 실험에서 수레의 초기속도를 일정하게 유지하도록 한다.

① 수레의 질량을 측정하여 기록한다.

② 녹화를 시작함과 동시에 수레 1개를 발사시켜 미끄럼대 반대쪽 끝에 탄성충돌시킨다.

③ 녹화를 종료한 뒤, 물체의 충돌이 제대로 녹화되었는지 확인한다.

④ Tracker 프로그램을 이용하여 녹화된 동영상을 분석한다.

⑤ 발사기의 고무줄 개수를 달리하여 ①~④의 과정을 반복한다.

⑥ 시간 $t$에 따른 위치 $x$의 그래프($x-t$ 그래프)를 그리고 충돌 전($v_1$)과 충돌 후($v_1{}'$) 수레의 속도를 구한다.

유의사항 : 탄성충돌 실험을 하려면 수레에 완충기를 부착해야 한다(그림 8.2 참조).

실험 2　　완전탄성충돌 : 질량이 같은 두 수레의 경우

① 질량이 같은 두 개의 수레를 준비한다. 질량의 차이가 생기면 테이프 등을 사용하여 미세한 질량 조절을 한다.

② 수레의 질량을 기록한다.

③ 수레 하나는 미끄럼대의 중앙에 정지시켜 둔다. 다른 수레를 발사기로 발사하여 충돌시킨 다음 충돌 전후 두 수레의 운동을 녹화한다.

④ 발사기의 고무줄 개수를 달리하여 ①~③의 과정을 반복한다.

⑤ 시간 $t$에 따른 위치 $x$의 그래프($x-t$ 그래프)를 그리고 두 수레의 충돌 전후 속도를 구한다.

실험 3　　완전탄성충돌 : 질량이 다른 두 수레의 경우(가벼운 수레에 힘을 가할 때)

① 한 개의 수레 양쪽 면에 같은 질량의 추를 올려 질량을 증가시킨 후 두 수레의 질량을 기록한다.

② 무거운 수레를 미끄럼대의 중앙에 정지시키고 가벼운 수레를 발사하여 충돌시킨 다음 충돌 전후 두 수레의 운동을 녹화한다.

③ 발사기의 고무줄 개수를 달리하여 ①~②의 과정을 반복한다.

④ 시간 $t$에 따른 위치 $x$의 그래프($x-t$ 그래프)를 그리고 두 수레의 충돌 전후 속도를 구한다.

① 가벼운 수레를 미끄럼대의 중앙에 정지시키고 무거운 수레를 발사하여 충돌시킨 다음 충돌 전후 두 수레의 운동을 녹화한다.

② 발사기의 고무줄 개수를 달리하여 ①의 과정을 반복한다.

③ 시간 $t$에 따른 위치 $x$의 그래프($x-t$ 그래프)를 그리고 두 수레의 충돌 전후 속도를 구한다.


## 5. 질문 및 토의

① 각각의 충돌실험에서 운동량이 보존되었는가?

② 각각의 충돌실험에서 역학적 에너지가 보존되는가?

# 데이터 시트

---

**실험 1**    **탄성충돌 : 수레 한 개를 사용하는 경우**

• 수레의 질량$(m)$ =

| 고무줄이 [ ]개일 때 | | | | 고무줄이 [ ]개일 때 | | | | 고무줄이 [ ]개일 때 | | | |
|---|---|---|---|---|---|---|---|---|---|---|---|
| 충돌 전 | | 충돌 후 | | 충돌 전 | | 충돌 후 | | 충돌 전 | | 충돌 후 | |
| $t$[s] | $x$[m] | $t$[s] | $x$[m] | $t$[s] | $x$[m] | $t$[s] | $x$[m] | $t$[s] | $x$[m] | $t$[s] | $x$[m] |
| | | | | | | | | | | | |
| | | | | | | | | | | | |
| | | | | | | | | | | | |
| | | | | | | | | | | | |
| | | | | | | | | | | | |
| | | | | | | | | | | | |
| | | | | | | | | | | | |
| | | | | | | | | | | | |
| | | | | | | | | | | | |
| ... | | ... | | | | | | | | | |

**실험 2**      **탄성충돌 : 질량이 같은 두 수레의 경우**

• 수레의 질량$(m_1)$ =

• 수레의 질량$(m_2)$ =

| 고무줄이 [　]개일 때 | | | | | | | | 고무줄이 [　]개일 때 | | | | | | | |
|---|---|---|---|---|---|---|---|---|---|---|---|---|---|---|---|
| 수레 1 | | | | 수레 2 | | | | 수레 1 | | | | 수레 2 | | | |
| 충돌 전 | | 충돌 후 | | 충돌 전 | | 충돌 후 | | 충돌 전 | | 충돌 후 | | 충돌 전 | | 충돌 후 | |
| $t$[s] | $x$[m] | $t$[s] | $x$[m] | $t$[s] | $x$[m] | $t$[s] | $x$[m] | $t$[s] | $x$[m] | $t$[s] | $x$[m] | $t$[s] | $x$[m] | $t$[s] | $x$[m] |
|  |  |  |  |  |  |  |  |  |  |  |  |  |  |  |  |
|  |  |  |  |  |  |  |  |  |  |  |  |  |  |  |  |
|  |  |  |  |  |  |  |  |  |  |  |  |  |  |  |  |
|  |  |  |  |  |  |  |  |  |  |  |  |  |  |  |  |
|  |  |  |  |  |  |  |  |  |  |  |  |  |  |  |  |
|  |  |  |  |  |  |  |  |  |  |  |  |  |  |  |  |
|  |  |  |  |  |  |  |  |  |  |  |  |  |  |  |  |
|  |  |  |  |  |  |  |  |  |  |  |  |  |  |  |  |
|  |  |  |  |  |  |  |  |  |  |  |  |  |  |  |  |
|  |  |  |  |  |  |  |  |  |  |  |  |  |  |  |  |
|  |  |  |  |  |  |  |  |  |  |  |  |  |  |  |  |
| … |  |  |  | … |  |  |  |  |  |  |  |  |  |  |  |

| 고무줄이 [　]개일 때 | | | | | | | |
|---|---|---|---|---|---|---|---|
| 수레 1 | | | | 수레 2 | | | |
| 충돌 전 | | 충돌 후 | | 충돌 전 | | 충돌 후 | |
| $t$[s] | $x$[m] | $t$[s] | $x$[m] | $t$[s] | $x$[m] | $t$[s] | $x$[m] |
|  |  |  |  |  |  |  |  |
|  |  |  |  |  |  |  |  |
|  |  |  |  |  |  |  |  |
|  |  |  |  |  |  |  |  |
|  |  |  |  |  |  |  |  |
|  |  |  |  |  |  |  |  |
|  |  |  |  |  |  |  |  |
|  |  |  |  |  |  |  |  |
|  |  |  |  |  |  |  |  |
|  |  |  |  |  |  |  |  |
|  |  |  |  |  |  |  |  |
|  |  |  |  |  |  |  |  |

**실험 3**      탄성충돌 : 질량이 다른 두 수레의 경우(가벼운 수레에 힘을 가할 때)

- 수레의 질량($m_1$) =

- 수레의 질량($m_2$) =

| 고무줄이 [   ]개일 때 | | | | | | | | 고무줄이 [   ]개일 때 | | | | | | | |
|---|---|---|---|---|---|---|---|---|---|---|---|---|---|---|---|
| 수레 1 | | | | 수레 2 | | | | 수레 1 | | | | 수레 2 | | | |
| 충돌 전 | | 충돌 후 | | 충돌 전 | | 충돌 후 | | 충돌 전 | | 충돌 후 | | 충돌 전 | | 충돌 후 | |
| $t$[s] | $x$[m] | $t$[s] | $x$[m] | $t$[s] | $x$[m] | $t$[s] | $x$[m] | $t$[s] | $x$[m] | $t$[s] | $x$[m] | $t$[s] | $x$[m] | $t$[s] | $x$[m] |
| | | | | | | | | | | | | | | | |
| | | | | | | | | | | | | | | | |
| | | | | | | | | | | | | | | | |
| | | | | | | | | | | | | | | | |
| | | | | | | | | | | | | | | | |
| | | | | | | | | | | | | | | | |
| | | | | | | | | | | | | | | | |
| | | | | | | | | | | | | | | | |
| | | | | | | | | | | | | | | | |
| | | | | | | | | | | | | | | | |
| ... | | | | ... | | | | | | | | | | | |

| 고무줄이 [   ]개일 때 | | | | | | | |
|---|---|---|---|---|---|---|---|
| 수레 1 | | | | 수레 2 | | | |
| 충돌 전 | | 충돌 후 | | 충돌 전 | | 충돌 후 | |
| $t$[s] | $x$[m] | $t$[s] | $x$[m] | $t$[s] | $x$[m] | $t$[s] | $x$[m] |
| | | | | | | | |
| | | | | | | | |
| | | | | | | | |
| | | | | | | | |
| | | | | | | | |
| | | | | | | | |
| | | | | | | | |
| | | | | | | | |
| | | | | | | | |
| | | | | | | | |
| | | | | | | | |
| | | | | | | | |

**실험 4**   탄성충돌 : 질량이 다른 두 수레의 경우(무거운 수레에 힘을 가할 때)

- 수레의 질량($m_1$) =

- 수레의 질량($m_2$) =

| 고무줄이 [   ]개일 때 | | | | | | | | 고무줄이 [   ]개일 때 | | | | | | | |
|---|---|---|---|---|---|---|---|---|---|---|---|---|---|---|---|
| 수레 1 | | | | 수레 2 | | | | 수레 1 | | | | 수레 2 | | | |
| 충돌 전 | | 충돌 후 | | 충돌 전 | | 충돌 후 | | 충돌 전 | | 충돌 후 | | 충돌 전 | | 충돌 후 | |
| $t$[s] | $x$[m] | $t$[s] | $x$[m] | $t$[s] | $x$[m] | $t$[s] | $x$[m] | $t$[s] | $x$[m] | $t$[s] | $x$[m] | $t$[s] | $x$[m] | $t$[s] | $x$[m] |
| | | | | | | | | | | | | | | | |
| | | | | | | | | | | | | | | | |
| | | | | | | | | | | | | | | | |
| | | | | | | | | | | | | | | | |
| | | | | | | | | | | | | | | | |
| | | | | | | | | | | | | | | | |
| | | | | | | | | | | | | | | | |
| | | | | | | | | | | | | | | | |
| | | | | | | | | | | | | | | | |
| … | | | | … | | | | | | | | | | | |

| 고무줄이 [   ]개일 때 | | | | | | | |
|---|---|---|---|---|---|---|---|
| 수레 1 | | | | 수레 2 | | | |
| 충돌 전 | | 충돌 후 | | 충돌 전 | | 충돌 후 | |
| $t$[s] | $x$[m] | $t$[s] | $x$[m] | $t$[s] | $x$[m] | $t$[s] | $x$[m] |
| | | | | | | | |
| | | | | | | | |
| | | | | | | | |
| | | | | | | | |
| | | | | | | | |
| | | | | | | | |
| | | | | | | | |
| | | | | | | | |
| | | | | | | | |
| | | | | | | | |

# 실험 결과

---

**실험 1**
탄성충돌 : 수레 한 개를 사용하는 경우

(1) $x - t$ 그래프

| 고무줄 개수 [개] | 충돌 전($v_1$) | | | 충돌 후($v_1'$) | | |
|---|---|---|---|---|---|---|
| | 기울기 [m/s] | 기울기 불확도 [m/s] | 상대불확도 [%] | 기울기 [m/s] | 기울기 불확도 [m/s] | 상대 불확도 [%] |
| | | | | | | |
| | | | | | | |
| | | | | | | |

(2) 상대오차

| 고무줄 개수 [개] | $v_1'$ [m/s] | | 상대오차[%] |
|---|---|---|---|
| | 측정값 | 이론값 | |
| | | | |
| | | | |
| | | | |

---

**실험 2**
탄성충돌 : 질량이 같은 두 수레의 경우

(1) $x - t$ 그래프

| 고무줄 개수 [개] | 충돌 전 | | | 충돌 후 | | | | | |
|---|---|---|---|---|---|---|---|---|---|
| | 첫 번째 물체의 속도($v_1$) | | | 첫 번째 물체의 속도($v_1'$) | | | 두 번째 물체의 속도($v_2'$) | | |
| | 기울기 [m/s] | 기울기 불확도 [m/s] | 상대 불확도 [%] | 기울기 [m/s] | 기울기 불확도 [m/s] | 상대 불확도 [%] | 기울기 [m/s] | 기울기 불확도 [m/s] | 상대 불확도 [%] |
| | | | | | | | | | |
| | | | | | | | | | |
| | | | | | | | | | |

(2) 상대오차

| 고무줄 개수 [개] | $v_1'$ [m/s] | | | $v_2'$ [m/s] | | |
|---|---|---|---|---|---|---|
| | 측정값 | 이론값 | 오차[m/s] | 측정값 | 이론값 | 상대오차[%] |
| | | | | | | |
| | | | | | | |
| | | | | | | |

‖ 이론값이 '0'이므로 상대오차를 구할 수 없다.

**실험 3**　　탄성충돌 : 질량이 다른 두 수레의 경우(가벼운 수레에 힘을 가할 때)

(1) $x-t$ 그래프

| 고무줄 개수 [개] | 충돌 전 | | | 충돌 후 | | | | | |
| | 첫 번째 물체의 속도($v_1$) | | | 첫 번째 물체의 속도($v_1{}'$) | | | 두 번째 물체의 속도($v_2{}'$) | | |
| | 기울기 [m/s] | 기울기 불확도 [m/s] | 상대 불확도 [%] | 기울기 [m/s] | 기울기 불확도 [m/s] | 상대 불확도 [%] | 기울기 [m/s] | 기울기 불확도 [m/s] | 상대 불확도 [%] |
| | | | | | | | | | |
| | | | | | | | | | |
| | | | | | | | | | |

(2) 상대오차

| 고무줄 개수 [개] | $v_1'$ [m/s] | | | $v_2'$ [m/s] | | |
| | 측정값 | 이론값 | 상대오차[m/s] | 측정값 | 이론값 | 상대오차[%] |
| | | | | | | |
| | | | | | | |
| | | | | | | |

**실험 4**　　탄성충돌 : 질량이 다른 두 수레의 경우(무거운 수레에 힘을 가할 때)

(1) $x-t$ 그래프

| 고무줄 개수 [개] | 충돌 전 | | | 충돌 후 | | | | | |
| | 첫 번째 물체의 속도($v_1$) | | | 첫 번째 물체의 속도($v_1{}'$) | | | 두 번째 물체의 속도($v_2{}'$) | | |
| | 기울기 [m/s] | 기울기 불확도 [m/s] | 상대 불확도 [%] | 기울기 [m/s] | 기울기 불확도 [m/s] | 상대 불확도 [%] | 기울기 [m/s] | 기울기 불확도 [m/s] | 상대 불확도 [%] |
| | | | | | | | | | |
| | | | | | | | | | |
| | | | | | | | | | |

(2) 상대오차

| 고무줄 개수 [개] | $v_1'$ [m/s] | | | $v_2'$ [m/s] | | |
| | 측정값 | 이론값 | 상대오차[m/s] | 측정값 | 이론값 | 상대오차[%] |
| | | | | | | |
| | | | | | | |
| | | | | | | |

# CHAPTER 9
# 원운동과 구심력

## 1. 실험 목적

원운동을 하는 물체의 질량, 운동반지름 그리고 구심력 사이의 관계를 알아보고 몇 가지 변수가 원운동을 하는 물체의 구심력에 어떤 영향을 주는지 알아본다.

## 2. 실험 원리

그림 9.1과 같이 점 $O$를 중심으로 반지름 $r$로 등속 원운동을 하는 질량이 $m$인 물체를 생각해보자. $\vec{v}_p$와 $\vec{v}_q$는 각각 점 $p$와 $q$에서 물체의 속도이며 각각의 크기는 $v$로 같지만 방향은 다르다. 속도의 $x$축과 $y$축 성분은 다음과 같다.

$$v_{px} = v\cos\theta, \; v_{py} = v\sin\theta \tag{9.1}$$

$$v_{qx} = v\cos\theta, \; v_{qy} = -v\sin\theta \tag{9.2}$$

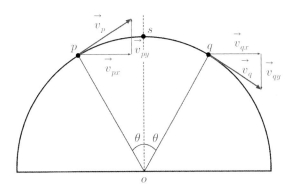

그림 9.1  원운동을 하는 물체의 속도 성분

물체가 점 $p$에서 점 $q$로 움직이는 데 걸리는 시간은

$$\Delta t = \frac{(\text{호의 길이}\, pq)}{v} = \frac{r(2\theta)}{v} \tag{9.3}$$

이므로, 물체의 가속도 성분은 다음과 같이 주어진다.

$$a_x = \frac{v_{qx} - v_{px}}{\Delta t} = \frac{v\cos\theta - v\cos\theta}{\Delta t} = 0 \tag{9.4}$$

$$a_y = \frac{v_{qy} - v_{py}}{\Delta t} = \frac{-v\sin\theta - v\sin\theta}{\Delta t}$$

$$= -\frac{2v\sin\theta}{2r\theta/v} = -\frac{v^2}{r}\frac{\sin\theta}{\theta} \tag{9.5}$$

점 $p$와 $q$가 점점 가까워져 점 $s$근처에서 만난다고 생각하면 각 $\theta$가 작아져서 $\sin\theta \cong \theta$이 되므로, 점 $s$에서 물체의 가속도 $\vec{a}$는 다음처럼 된다.

$$\vec{a} = -\frac{v^2}{r}\hat{y} \tag{9.6}$$

여기서, $(-)$ 부호는 점 $P$에서 아래로 향하는 것을 의미하는데 원의 중심을 향하는 것이다.

따라서 원운동을 하는 물체의 속도와 가속도 방향은 그림 9.2와 같다.

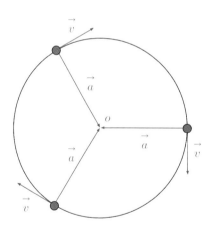

그림 9.2  원운동을 하는 물체의 속도와 가속도

위에서 도출한 구심 가속도를 이용하여 물체에 작용하는 구심력을 구하면 다음과 같다.

$$F = ma = m\frac{v^2}{r} \tag{9.7}$$

각속도를 $\omega$라 하고 한 번 회전하는 데 걸리는 시간, 즉 주기를 $T$라 하면 각속도와 속도는 각각 다음과 같다.

$$\omega = \frac{2\pi}{T} \tag{9.8}$$

$$v = r\omega \tag{9.9}$$

이들을 식 (9.7)에 대입하면 구심력 $F$는 다음과 같다.

$$F = mrw^2 = \frac{4\pi^2 mr}{T^2} \tag{9.10}$$

구심력 측정 장치는 그림 9.3과 같다. 그림 9.4에서 보는 바와 같이 중앙지지대의 도르래와 연결된 실이 수평인 상태에서 물체를 일정한 속도로 회전시키면, 물체에 작용하는 구심력은 이 실의 장력이 된다. 이 실이 도르래를 통해 용수철과 연결되어 있으므로 실의 장력은 용수철의 탄성력과 같다. 따라서 이때 용수철의 탄성력을 측정하면 구심력을 알 수 있다. 회전대를 정지시키고 그림 9.3과 같이 장치를 하여 회전할 때와 같은 길이로 용수철을 늘어나게 하는 추와 추걸이의 무게($Mg$)를 측정해서 회전할 때 용수철의 탄성력, 즉 구심력을 도출한다. 이를 식 (9.10)과 함께 식으로 나타내면 다음과 같다.

$$F_{구심력} = \frac{4\pi^2 mr}{T^2} = Mg \tag{9.11}$$

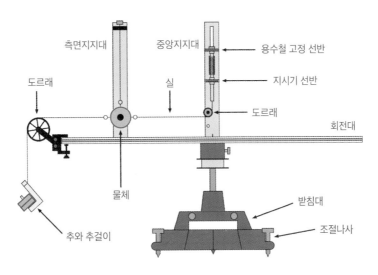

그림 9.3 구심력 측정 장치

# 3. 실험 기구 및 재료

구심력 측정 장치, 초시계, 추와 추걸이, 저울, 실

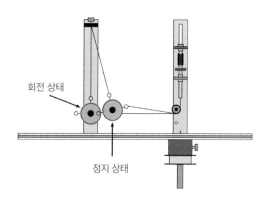

회전 상태

정지 상태

**그림 9.4  정지 상태와 회전 상태의 물체 위치**

회전속도를 적절히 조절하면 물체에 연결된 두 실이
각각 수평과 수직이 되도록 할 수 있다.

# 4. 실험 방법

**기본 세팅**　　추와 추걸이의 무게와 탄성력 크기를 동일하게 맞추기

물체를 측면지지대와 중앙지지대에 매달기

① 물체의 무게를 측정한다.

② 물체를 그림 9.3 및 그림 9.5와 같이 물체의 위쪽 걸이를 측면지지대에 매단다.

③ 물체의 오른쪽 걸이를 중앙지지대의 도르래 아래를 거쳐 용수철과 실로 연결한다.

　‖ 물체가 매달린 실이 측면지지대의 수직선과 일치할 때 도르래에 연결된 실이 수평이 되는지를 확인한다. 수평
　　이 되지 않으면 측면지지대에 매달린 실의 길이를 조절한다.

추와 추걸이를 회전대에 매달기

① 조임장치가 있는 도르래를 회전대 끝에 고정한다.

② 추의 질량을 선택하고 추와 추걸이의 무게를 측정한다.

③ 물체의 왼쪽 걸이에 실을 연결하고 추와 추걸이를 도르래 위를 걸쳐서 매단다.

추와 추걸이의 무게와 탄성력 크기를 동일하게 맞추기

① 회전반지름 $r$을 선택하여 측면지지대를 고정시킨다.

② 물체가 측면지지대의 수직선과 일치하도록 중앙지지대의 용수철 고정 선반 높이를 조절한다.

　‖ 이때, 추걸이에 연결된 실이 수평이 되도록 조임장치가 있는 도르래의 높이를 조정해야 한다. 이로써 용수철
　　의 탄성력이 추와 추걸이의 무게와 같아진다.

③ 중앙지지대의 지시기 선반의 높낮이를 조절하여 지시기 판이 지시기 선반과 일치하도록 조절한다.

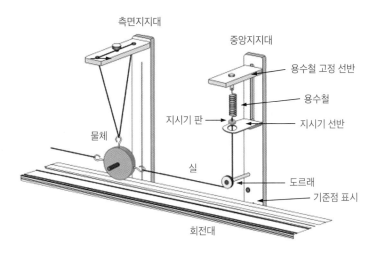

중앙지지대
용수철 고정 선반
용수철
지시기 판
지시기 선반
물체
실
도르래
기준점 표시
측면지지대
회전대

**그림 9.5 매달린 물체에 실 연결하기**

---

**실험 1   회전반경 $r$을 변화시키면서 측정**

---

물체의 질량과 구심력을 일정하게 유지시키고 회전중심 $O$에서 물체까지의 거리(반경 $r$)를 변화시키면서 회전주기 $T$를 측정한다.

① 추걸이와 조임장치가 있는 도르래를 회전대에서 분리한다.
② 지시기 판이 지시기 선반과 일치할 때까지 회전대를 회전시키면서 속도를 증가시킨다.
   ∥ 지시기 판이 지시기 선반과 일치할 때 물체는 수직으로 매달려 있다.
③ 이 속도를 유지하면서 10회 회전시간을 초시계로 측정한다.
④ 회전반경(측면지지대의 위치 $r$)을 일정한 간격으로 증가시키면서 기본 세팅(추와 추걸이를 회전대에 매달기)에서 실험 1 ④까지의 과정을 반복한다.
⑤ 측정값으로부터 $r - T^2$의 그래프를 그리고 최소 제곱법으로 기울기를 도출한다. 그리고 기울기로부터 구심력을 계산하여 추와 추걸이의 무게와 비교한다.

---

**실험 2   구심력($Mg$)의 크기를 변화시키면서 측정**

---

물체의 질량과 회전반경을 일정하게 유지하고 구심력을 변화시키면서 회전주기 $T$를 측정한다.

① 기본 세팅에서 실험 1 ③까지의 과정을 한 번 실행한다.
② 조임장치가 있는 도르래를 회전대 끝에 고정한다.

③ 추의 질량을 다르게 선택하고 추와 추걸이의 무게를 측정한다.

④ 물체의 왼쪽 걸이에 실을 연결하고 추와 추걸이를 도르래 위를 걸쳐서 매단다.

∥ 추와 추걸이의 무게가 구심력을 결정한다.

⑤ 매달린 물체가 측면지지대의 수직선과 일치하도록 중앙지지대의 용수철 고정 선반 높이를 조절한다.

⑥ 중앙지지대의 지시기 선반 높낮이를 조절하여 지시기 판이 지시기 선반과 일치하도록 조절한다.

⑦ 추걸이와 도르래를 회전대에서 분리한다.

⑧ 회전대를 회전시키고 지시기 판이 지시기 선반과 일치할 때까지 속도를 증가시킨다.

⑨ 이 속도를 유지하면서 10회 회전시간을 초시계로 측정한다.

⑩ ②~⑨의 과정을 반복한다.

⑪ 측정값으로부터 $T^{-2} - F(Mg)$의 그래프를 그리고 최소 제곱법으로 기울기를 도출한다. 그리고 기울기로부터 물체의 질량 $m$을 계산하여 저울로 측정한 질량과 비교한다.


## 5. 질문 및 토의

① 물체에 작용하는 구심력이 일정할 때 물체의 회전반경이 증가하면 주기는 커지는가 혹은 작아지는가?

② 물체의 질량과 회전반경이 일정할 때 구심력을 증가시키면 주기가 커지는가 혹은 작아지는가?

③ 물체의 질량을 증가시키면 구심력이 커지는가 혹은 작아지는가?

# 데이터 시트

**실험 1**  **회전반경 $r$을 변화시키면서 측정**

• 물체의 질량$(m)$ =

• 추와 추걸이의 질량$(M)$ =

|   | $r$ [m] | 10회 회전시간[s] | $T$ [s] | $T^2$ [s$^2$] |
|---|---|---|---|---|
| 1 |  |  |  |  |
| 2 |  |  |  |  |
| 3 |  |  |  |  |
| 4 |  |  |  |  |
| 5 |  |  |  |  |

**실험 2**  **구심력$(Mg)$의 크기를 변화시키면서 측정**

• 물체의 질량$(m)$ =

• 회전반경$(r)$ =

|   | $M$ [kg] | 10회 회전시간[s] | $T$ [s] | $1/T^2$ [1/s$^2$] |
|---|---|---|---|---|
| 1 |  |  |  |  |
| 2 |  |  |  |  |
| 3 |  |  |  |  |
| 4 |  |  |  |  |
| 5 |  |  |  |  |

# 실험 결과

**실험 1** **회전반경 $r$을 변화시키면서 측정**

**(1) 구심력의 불확도**

| | 합성표준 불확도 | | | 상대 불확도[%] | | $F_{구심력}$[N] (측정값) | $\delta F_{구심력}$[N] (오차의 전파를 통한 불확도) | $F_{구심력}$의 상대 불확도[%] |
|---|---|---|---|---|---|---|---|---|
| | $\delta m$[kg] | $\delta r$[m] | $\delta T$[s] | $r$ | $T$ | | | |
| 1 | | | | | | | | |
| 2 | | | | | | | | |
| 3 | | | | | | | | |
| 4 | | | | | | | | |
| 5 | | | | | | | | |

‖ 오차의 전파를 통한 구심력($F_{구심력}$)의 불확도

$$\delta F_{구심력} = \sqrt{\left(\frac{\partial F_{구심력}}{\partial m}\delta m\right)^2 + \left(\frac{\partial F_{구심력}}{\partial r}\delta r\right)^2 + \left(\frac{\partial F_{구심력}}{\partial T}\delta T\right)^2} = \sqrt{\left(\frac{4\pi^2 r}{T^2}\delta m\right)^2 + \left(\frac{4\pi^2 m}{T^2}\delta r\right)^2 + \left(\frac{8\pi^2 mr}{T^3}\delta T\right)^2}$$

**(2) $T^2 - r$ 그래프**

| | |
|---|---|
| 기울기를 통한 구심력($Mg$)[N] | |
| 기울기에 대한 구심력의 불확도[N] | |
| 실험 결과[N](대푯값±불확도) | |
| 상대오차[%] | |
| 상대 불확도[%] | |

‖ 기울기가 $b$일 때, 오차의 전파를 통한 구심력($Mg$)의 불확도

$$\delta F_{구심력} = \sqrt{\left(\frac{\partial F_{구심력}}{\partial b}\delta b\right)^2} = \frac{4\pi^2 m}{b^2}\delta b$$

**실험 2**　　구심력($Mg$)의 크기를 변화시키면서 측정

(1) 구심력의 불확도

| | 합성표준 불확도 | | | 상대 불확도[%] | | $m$[kg]<br>(측정값) | $\delta m$[kg]<br>(오차의 전파를<br>통한 불확도) | $m$의<br>상대 불확도[%] |
|---|---|---|---|---|---|---|---|---|
| | $\delta m$[kg] | $\delta r$[m] | $\delta T$[s] | $M$ | $T$ | | | |
| 1 | | | | | | | | |
| 2 | | | | | | | | |
| 3 | | | | | | | | |
| 4 | | | | | | | | |
| 5 | | | | | | | | |

‖ 오차의 전파를 통한 질량($m$)의 불확도

$$\delta m = \sqrt{\left(\frac{\partial m}{\partial M}\delta M\right)^2 + \left(\frac{\partial m}{\partial r}\delta r\right)^2 + \left(\frac{\partial m}{\partial T}\delta T\right)^2} = \sqrt{\left(\frac{T^2 g}{4\pi^2 r}\delta m\right)^2 + \left(\frac{T^2 Mg}{4\pi^2 r^2}\delta r\right)^2 + \left(\frac{TMg}{2\pi^2 r}\delta T\right)^2}$$

(2) $T^{-2} - F(Mg)$ 그래프

| 기울기를 통한 질량($m$)[kg] | |
|---|---|
| 기울기에 대한 질량의 불확도[kg] | |
| 실험 결과[kg](대푯값±불확도) | |
| 상대오차[%] | |
| 상대 불확도[%] | |

‖ 기울기가 $b$일 때, 오차의 전파를 통한 질량($m$)의 불확도

$$\delta m = \sqrt{\left(\frac{\partial m}{\partial b}\delta b\right)^2} = \frac{1}{4\pi^2 r b^2}\delta b$$

## CHAPTER 10

# 스마트 타이머를 활용한 원운동과 구심력

## 1. 실험 목적

스마트 타이머를 사용하여 원운동을 하는 물체의 질량, 운동반지름 그리고 구심력 사이의 관계를 알아보고 몇 가지 변수가 원운동을 하는 물체의 구심력에 어떤 영향을 주는지 알아본다.

## 2. 실험 원리

9장 '원운동과 구심력'의 '실험 원리' 참고

## 3. 실험 기구 및 재료

구심력 측정 장치, 초시계, 추와 추걸이, 저울, 실, 회전모터, 스마트 타이머

‖ 90쪽의 '그림 9.4 정지 상태와 회전 상태의 물체 위치' 참조

## 4. 실험 방법

| 기본 세팅 | 모터와 스마트 타이머 설치하기 |
| --- | --- |

모터 세팅하기

① 모터를 받침대에 설치한다.

② 모터용 고무줄을 모터와 회전대 아래에 있는 회전 물체(서로 다른 반경이 겹쳐 있는 검은색 물체)와 연결한다.

　‖ 모터용 고무줄이 팽팽하지 않으면 회전대가 회전하지 않으므로 고무줄이 팽팽하도록 모터와 회전축의 거리를 조절한다.

③ 직류 전원 장치에 모터를 연결한다.

스마트 타이머 연결하기

① 포토게이트를 받침대에 설치한다.
    ‖ 포토게이트가 인식할 수 있도록 회전대 아래에 있는 회전 물체를 포토게이트 사이에 오도록 조절한다.

② 스마트 타이머와 포토게이트를 연결하고 1번 버튼을 두 번 눌러 'SPEED' 모드로 설정한 후, 2번
    버튼을 세 번 눌러 'Pulley(rad/s)'로 설정한다(그림 10.1 실선 박스).

그림 10.1 스마트 타이머

물체를 측면지지대와 중앙지지대에 매달기

① 물체의 무게를 측정한다.
② 물체를 그림 9.5와 같이 물체의 위쪽 걸이를 측면지지대에 매단다.
③ 물체의 오른쪽 걸이를 중앙지지대의 도르래 아래를 거쳐 용수철과 실로 연결한다.
    ‖ 물체가 매달린 실이 측면지지대의 수직선과 일치할 때 도르래에 연결된 실이 수평이 되는지를 확인한다. 수평
      이 되지 않으면 측면지지대에 매달린 실의 길이를 조절한다.

추와 추걸이를 회전대에 매달기

① 조임장치가 있는 도르래를 회전대 끝에 고정한다.
② 추의 질량을 선택하고 추와 추걸이의 무게를 측정한다.
③ 물체의 왼쪽 걸이에 실을 연결하고 추와 추걸이를 도르래 위를 걸쳐서 매단다.

추와 추걸이의 무게와 탄성력의 크기를 동일하게 맞추기

① 회전반지름을 선택하여 측면지지대를 고정시킨다.
② 물체가 측면지지대의 수직선과 일치하도록 중앙지지대의 용수철 고정 선반 높이를 조절한다.
    ‖ 이때, 추걸이에 연결된 실이 수평이 되도록 조임장치가 있는 도르래의 높이를 조정해야 한다. 이로써 용수철
      의 탄성력이 추와 추걸이의 무게와 같아진다.

③ 중앙지지대의 지시기 선반 높낮이를 조절하여 지시기 판이 지시기 선반과 일치하도록 조절한다.

물체의 질량과 구심력을 일정하게 유지시키고 회전중심 $O$에서 물체까지의 거리(반경 $r$)를 변화시키면서 회전주기 $T$를 측정한다.

① 추걸이와 조임장치 있는 도르래를 회전대에서 분리한다.

② 직류 전원 장치를 켜 전압을 조절하여 지시기 판이 지시기 선반과 일치할 때까지 회전대를 회전시키면서 속도를 증가시킨다.

   ∥ 지시기 판이 지시기 선반과 일치할 때 물체는 수직으로 매달려 있다.
   ∥ 전류(current)를 1~3A로 증가시킨 후, 전압(voltage)을 증가시켜야 모터가 작동된다.
   ∥ 물체의 각속도는 측정할 때마다 큰 차이는 없지만 다른 값으로 측정된다. 이 값들 중에서 이론값과 가장 가까운 측정값을 선택한다.

③ 이 속도를 유지하면서 스마트 타이머 3번 버튼을 클릭하여 *표시가 나타나도록 한다.

④ 회전반경(측면 지지대의 위치 $r$)을 일정한 간격으로 증가시키면서 기본 세팅(추와 추걸이를 회전대에 매달기)에서 실험 1 ④까지의 과정을 반복한다.

⑤ 측정값으로부터 $\dfrac{1}{w^2} - r$의 그래프를 그리고 최소 제곱법으로 기울기를 도출한다. 그리고 기울기로부터 구심력을 계산하여 추와 추걸이의 무게와 비교한다.

물체의 질량과 회전반경을 일정하게 유지하고 구심력을 변화시키면서 회전 주기 $T$를 측정한다.

① 기본 세팅에서 실험 1 ③까지의 과정을 한 번 실행한다.

② 조임장치가 있는 도르래를 회전대 끝에 고정한다.

③ 추의 질량을 다르게 선택하고 추와 추걸이의 무게를 측정한다.

④ 물체의 왼쪽 걸이에 실을 연결하고 추와 추걸이를 도르래 위를 걸쳐서 매단다.

   ∥ 추와 추걸이의 무게가 구심력을 결정하게 된다.

⑤ 매달린 물체가 측면지지대의 수직선과 일치하도록 중앙지지대의 용수철 고정 선반 높이를 조절한다.

⑥ 중앙지지대의 지시기 선반 높낮이를 조절하여 지시기 판이 지시기 선반과 일치하도록 조절한다.

⑦ 추걸이와 도르래를 회전대에서 분리한다.

⑧ 회전대를 회전시키고 지시기 판이 지시기 선반과 일치할 때까지 속도를 증가시킨다.

⑨ 이 속도를 유지하면서 10회 회전 시간을 초시계로 측정한다.

⑩ ②~⑨의 과정을 반복한다.

⑪ 측정값으로부터 $w^2 - F(Mg)$의 그래프를 그리고 최소 제곱법으로 기울기를 도출한다. 그리고 기울기로부터 물체의 질량 $m$을 계산하여 저울로 측정한 질량과 비교한다.

## 5. 질문 및 토의

① 물체에 작용하는 구심력이 일정할 때 물체의 회전반경이 증가하면 주기는 커지는가 혹은 작아지는가?
② 물체의 질량과 회전반경이 일정할 때 구심력을 증가시키면 주기가 커지는가 혹은 작아지는가?
③ 물체의 질량을 증가시키면 구심력이 커지는가 혹은 작아지는가?

# 데이터 시트

---

**실험 1**  회전반경 $r$ 을 변화시키면서 측정

- 물체의 질량($m$) =
- 추와 추걸이의 질량($M$) =

| | $r$ [m] | $w$[rad/s] |
|---|---|---|
| 1 | | |
| 2 | | |
| 3 | | |
| 4 | | |
| 5 | | |
| 6 | | |
| 7 | | |
| 8 | | |
| 9 | | |
| 10 | | |

**실험 2**  구심력($Mg$)의 크기를 변화시키면서 측정

- 물체의 질량($m$) =
- 회전반경($r$) =

| | $M$[kg] | $w$[rad/s] |
|---|---|---|
| 1 | | |
| 2 | | |
| 3 | | |
| 4 | | |
| 5 | | |
| 6 | | |
| 7 | | |
| 8 | | |
| 9 | | |
| 10 | | |

# 실험 결과

**실험 1** 회전반경 $r$ 을 변화시키면서 측정

(1) 구심력의 불확도

| | 합성표준 불확도 | | | 상대 불확도[%] | | $F_{구심력}$[N] (측정값) | $\delta F_{구심력}$[N] (오차의 전파를 통한 불확도) | $F_{구심력}$의 상대 불확도[%] |
|---|---|---|---|---|---|---|---|---|
| | $\delta m$[kg] | $\delta r$[m] | $\delta w$[rad/s] | $r$ | $w$ | | | |
| 1 | | | | | | | | |
| 2 | | | | | | | | |
| 3 | | | | | | | | |
| 4 | | | | | | | | |
| 5 | | | | | | | | |

‖ 오차의 전파를 통한 구심력($F_{구심력}$)의 불확도

$$\delta F_{구심력} = \sqrt{\left(\frac{\partial F_{구심력}}{\partial m}\delta m\right)^2 + \left(\frac{\partial F_{구심력}}{\partial r}\delta r\right)^2 + \left(\frac{\partial F_{구심력}}{\partial w}\delta w\right)^2} = \sqrt{(rw^2\delta m)^2 + (mw^2\delta r)^2 + (2mrw\delta w)^2}$$

(2) $\dfrac{1}{w^2} - r$ 그래프

| 기울기를 통한 구심력($Mg$)[N] | |
|---|---|
| 기울기의 불확도를 통한 구심력의 불확도[N] | |
| 실험 결과[N](대푯값±불확도) | |
| 상대오차[%] | |
| 상대 불확도[%] | |

‖ 기울기가 $b$일 때, 오차의 전파를 통한 구심력($Mg$)의 불확도

$$\delta F_{구심력} = \sqrt{\left(\frac{\partial F_{구심력}}{\partial b}\delta b\right)^2} = \frac{m}{b^2}\delta b$$

**실험 2** 　　**구심력($Mg$)의 크기를 변화시키면서 측정**

(1) 구심력의 불확도

| | 합성표준 불확도 | | | 상대 불확도[%] | | $F_{구심력}$[N] (측정값) | $\delta F_{구심력}$[N] (오차의 전파를 통한 불확도) | $F_{구심력}$의 상대 불확도[%] |
|---|---|---|---|---|---|---|---|---|
| | $\delta m$[kg] | $\delta r$[m] | $\delta w$[rad/s] | $r$ | $w$ | | | |
| 1 | | | | | | | | |
| 2 | | | | | | | | |
| 3 | | | | | | | | |
| 4 | | | | | | | | |
| 5 | | | | | | | | |

‖ 오차의 전파를 통한 질량($m$)의 불확도

$$\delta F_{구심력} = \sqrt{\left(\frac{\partial F_{구심력}}{\partial m}\delta m\right)^2 + \left(\frac{\partial F_{구심력}}{\partial r}\delta r\right)^2 + \left(\frac{\partial F_{구심력}}{\partial w}\delta w\right)^2} = \sqrt{(rw^2\delta m)^2 + (mw^2\delta r)^2 + (2mrw\delta w)^2}$$

(2) $w^2 - F(Mg)$ 그래프

| | |
|---|---|
| 기울기를 통한 질량($m$)[kg] | |
| 기울기의 불확도를 통한 질량의 불확도[kg] | |
| 실험 결과[kg](대푯값±불확도) | |
| 상대오차[%] | |
| 상대 불확도[%] | |

‖ 기울기가 $b$일 때, 오차의 전파를 통한 질량($m$)의 불확도

$$\delta m = \sqrt{\left(\frac{\partial m}{\partial b}\delta b\right)^2} = \frac{1}{rb^2}\delta b$$

# CHAPTER 11

# 회전운동과 관성모멘트

## 1. 실험 목적

회전축에 대한 물체의 관성모멘트가 어떻게 정의되는지 알아보고 실험으로 측정하여 이론적인 값과
비교한다.

## 2. 실험 원리

### 1) 회전축이 질량 중심축과 같을 경우

어떤 물체가 질량 중심을 지나는 회전축에 대하여 회전할 때, 그 물체의 각운동량은 다음과 같다.

$$L = \left( \int r^2 dm \right) \omega \equiv I\omega \tag{11.1}$$

여기서, $r$은 회전축으로부터 질량소 $dm$까지의 거리이며, 적분은 주어진 물체의 전체 부피에 대한
적분이다.

　　따라서 질량 중심을 지나는 회전축에 대한 물체의 관성모멘트 $I$ 는 다음과 같이 정의된다.

$$I = \int r^2 dm \tag{11.2}$$

　　이 식을 사용하여 다음 그림에 주어진 물체의 관성모멘트를 구해보자. 그림 11.1과 같은 원반의 $z$축
에 대한 관성모멘트는 다음과 같다.

$$I = \frac{1}{2} MR^2 \tag{11.3}$$

여기서, $M$은 원반의 질량, $R$은 원반의 반지름이다. 그리고 $x$축에 대한 관성모멘트는 다음과 같다.

$$I = \frac{1}{4} MR^2 \tag{11.4}$$

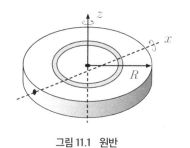

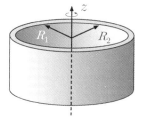

그림 11.1  원반

그림 11.2  고리

그림 11.2와 같은 고리의 $z$축에 대한 관성모멘트는 다음과 같다.

$$I = \frac{1}{2} M \left( R_1^2 + R_2^2 \right)$$ (11.5)

여기서, $R_1$은 고리의 안지름, $R_2$는 고리의 바깥지름이고 $M$은 고리의 질량이다.


## 2) 회전축이 질량 중심축과 다를 경우

회전축이 질량 중심축과 같지 않을 때 회전축에 대한 물체의 관성모멘트는 다음과 같다.

$$I = I_{cm} + Md^2$$ (11.6)

여기서, $I_{cm}$은 질량 중심축에 대한 물체의 관성모멘트, $d$는 회전축과 질량 중심축 사이의 거리이고 $M$은 물체의 질량이다.


## 3) 관성모멘트의 측정

주어진 회전체의 관성모멘트를 측정하려는 방법으로 그림 11.3과 같은 장치를 생각하자. 질량이 $m$인 추(추걸이 포함)에 대한 운동방정식은 다음과 같다.

$$ma = mg - T$$ (11.7)

여기서, $a$는 추의 가속도이고 $T$는 실의 장력이다. 그리고 그림 11.3의 장치에서 회전축에 대한 운동방정식은 다음과 같다.

‖ 실험 장치의 회전축도 회전축의 중심선에 대해 부피와 질량을 갖는 물체라고 생각해야 한다.

$$I_A \alpha = \tau$$ (11.8)

$$= rT$$ (11.9)

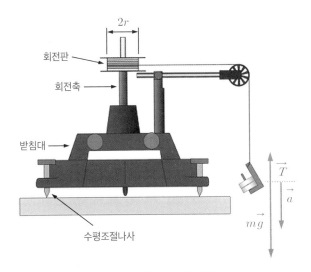

**그림 11.3  관성모멘트 측정 장치**

여기서, $I_A$는 회전축의 관성모멘트, $\alpha$는 각가속도, $r$는 실이 감긴 회전판의 반지름이다. 식 (11.7), (11.9) 그리고 $\alpha = a/r$을 이용하여 $T$를 소거하면 추의 가속도는 다음과 같다.

$$a = \frac{mg}{I_A/r^2 + m} \tag{11.10}$$

또 추가 가속도 $a$로 $t$초 동안 낙하한다면 낙하거리 $h$는 다음과 같다.

$$h = \frac{1}{2}at^2 \tag{11.11}$$

식 (11.10)을 이용하여 $a$를 소거하면 회전축의 관성모멘트 $I_A$는 다음과 같다.

$$I_A = mr^2\left(\frac{g}{2h}t^2 - 1\right) \tag{11.12}$$

따라서 이 식을 이용하면 회전축뿐만 아니라 원반과 고리의 관성모멘트도 구할 수 있다.


## 3. 실험 기구 및 재료

원반(disk), 고리(ring), A자형 지지대, 추와 추걸이, 도르래, 초시계, 실, 버니어캘리퍼, 수평계, 저울, 줄자

# 4. 실험 방법

① 그림 11.3과 같이 장치하고 수평계를 사용하여 회전판이 수평이 되도록 A자형 지지대의 조절나사를 조정한다.

② 실이 감긴 회전판의 지름 $2r$을 버니어캘리퍼로 측정한다.

③ 줄이 회전판에 대해 접선 방향으로 당겨지도록 도르래의 방향을 조절한다.

④ 임의의 기준높이를 정하여 추를 낙하시켜 보고 낙하하는 데 걸리는 시간을 쉽게 측정하기 위하여 추의 질량을 적당하게 선택한다. 추와 추걸이의 질량 $m$, 낙하거리 $h$, 낙하하는 데 걸린 시간 $t_A$을 측정한다.

⑤ 반복해서 추를 낙하시키고 낙하하는 데 걸린 시간 $t_A$을 측정한다.

⑥ 평균과 표준오차를 구하고 식 (11.12)를 이용하여 회전축의 관성모멘트 $I_A$를 계산한다.

① 그림 11.1의 $z$축에 대해 원반이 회전하도록 그림 11.3의 회전판 위에 원반을 올린다.

② 낙하하는 데 걸리는 시간을 재기 쉽게 추의 질량을 적당하게 선택한다. 추와 추걸이의 질량 $m$, 낙하거리 $h$, 낙하하는 데 걸린 시간 $t_D$을 측정한다.

③ 반복해서 추를 낙하시키고 낙하하는 데 걸린 시간 $t_D$을 측정한다.

④ 평균과 표준오차를 구하고 다음 식을 이용해 원반의 관성모멘트 $I_D$를 계산한다.

$$I_D = mr^2 \left( \frac{g}{2h} t_D^2 - 1 \right) - I_A$$

⑤ 그림 11.1의 $x$축에 대해 원반이 회전하도록 원반을 세워 회전축에 끼우고 ②~④ 과정을 반복한다.

⑥ 원반이 $z$축에 대해 회전하도록 회전축에 장착한 후 원반 위에 고리를 올려 그림 11.2와 같이 $z$축에 대해 고리가 회전하도록 한다. 낙하하는 데 걸리는 시간을 재기 쉽게 추의 질량을 적당하게 선택한 후 추를 낙하시키면서 낙하시간 $t_R$을 반복해서 측정한다.

⑦ 평균과 표준오차를 구하고 다음 식을 이용해 고리의 관성모멘트 $I_R$를 계산한다.

$$I_R = mr^2 \left( \frac{g}{2h} t_R^2 - 1 \right) - I_A - I_D$$

⑧ 원반의 질량 $M_D$와 반지름 $R_D$을 측정하고 고리의 질량 $M_R$과 안지름 $R_1$, 바깥지름 $R_2$을 각각

측정한다.

⑨ 이론값과 실험값을 비교한다.

---

**실험 3**　　회전축이 질량 중심축과 다를 경우

① 그림 11.4와 같이 회전판 위에 회전대를 올리고 적당한 거리에 원반을 올릴 수 있는 어댑터를 결합
　한다.

② 실이 회전판에 대해 접선 방향으로 당겨지도록 도르래의 방향을 조절한다. 임의의 기준점을 정하
　여 추를 낙하시키고 낙하하는 데 걸리는 시간을 재기 쉽게 추의 질량을 적당하게 선택한다. 추와
　추걸이의 질량 $m$, 낙하거리 $h$, 낙하하는 데 걸린 시간 $t_P$을 측정한다.

③ 반복해서 추를 낙하시키고 낙하하는 데 걸린 시간 $t_P$을 측정한다.

④ 평균과 표준오차를 구하고 식 (11.12)를 참조하여 회전축과 더해진 회전대의 관성모멘트 $I_P$를
　계산한다.

⑤ 회전축 중심으로부터 어댑터 중심까지의 거리 $d$를 재고 기록한다.

⑥ 그림 11.4와 같이 회전대 위에 원반을 올린다.

⑦ 낙하하는 데 걸리는 시간을 재기 쉽게 추의 질량을 적당하게 선택한다. 추와 추걸이의 질량 $m$,
　낙하하는 데 걸린 시간 $t_d$을 측정한다.

⑧ 반복해서 추를 낙하시키고 낙하하는 데 걸린 시간 $t_d$을 측정한다.

⑨ 평균과 표준오차를 구하고 다음 식을 이용해 원반의 관성모멘트 $I_d$를 계산한다.

$$I_d = mr^2\left(\frac{g}{2h}t_d^2 - 1\right) - I_P$$

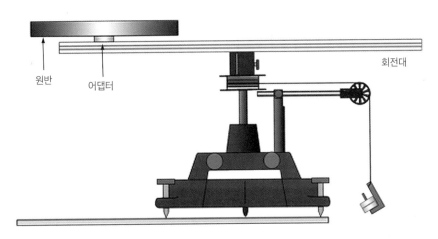

**그림 11.4　회전축이 질량 중심축과 다를 경우**

⑩ 계산 결과와 식 (11.6)으로 계산한 값과 비교한다.

⑪ 거리 $d$를 바꾸고 ①~⑩의 과정을 반복한다.

일반 물리학 실험

## 5. 질문 및 토의

① 오차의 전파를 이용하여 $I_A$, $I_D$, $I_R$의 측정 불확도를 구해보라.

② 마찰에 의한 효과가 실험 결과에 어떤 영향을 미쳤는가?

# 데이터 시트

| 실험 1·2 | 회전판, 원반, 고리의 관성모멘트 |
|---|---|

• 낙하 높이$(h)$[m] =

| | 회전판 | 원반($z$축) | 원반($x$축) | 고리 | |
|---|---|---|---|---|---|
| 반지름 | $r$[m] | $R_D$[m] | — | $R_1$[m] | $R_2$[m] |
| | | | | | |
| 추와 추걸이 질량 $m$[kg] | | | | | |
| 낙하시간 | $t_A$[s] | $t_D$[s] | $t_D$[s] | $t_R$[s] | |
| 1 | | | | | |
| 2 | | | | | |
| 3 | | | | | |
| 4 | | | | | |
| 5 | | | | | |

| 실험 3 | 회전축이 질량 중심축과 다를 경우 |
|---|---|

• 낙하 높이$(h)$[m] =

• 추와 추걸이의 질량$(m)$[kg] =

| | 어댑터, 회전대, 회전판의 낙하시간 $t_P$[s] |
|---|---|
| 1 | |
| 2 | |
| 3 | |
| 4 | |
| 5 | |

| $d$[m] | | | | |
|---|---|---|---|---|
| | $t_d$[s] | $t_d$[s] | $t_d$[s] | $t_d$[s] |
| 1 | | | | |
| 2 | | | | |
| 3 | | | | |
| 4 | | | | |
| 5 | | | | |

# 실험 결과

**실험 1 · 2**   회전판, 원반, 고리의 관성모멘트

| 낙하시간 | | 회전판 | 원반($z$축) | 원반($x$축) | 고리 |
|---|---|---|---|---|---|
| | | $t_A$ | $t_{D,z}$ | $t_{D,x}$ | $t_R$ |
| 평균[s] | | | | | |
| 표준오차[s] | | | | | |
| 관성 모멘트 | 관성모멘트 | $I_A$ | $I_{D,z}$ | $I_{D,x}$ | $I_R$ |
| | 측정값[kg · m²] | | | | |
| | 이론값[kg · m²] | — | | | |
| | 상대오차[%] | | | | |
| | 불확도 | $\delta I_A$ | $\delta I_{D,z}$ | $\delta I_{D,x}$ | $\delta I_R$ |
| | 오차의 전파를 통한 관성모멘트의 불확도[kg · m²] | | | | |
| | 관성모멘트의 상대불확도[%] | | | | |

‖ 회전판 관성모멘트의 이론값을 알 수 없으므로 상대오차를 도출할 수 없음
‖ 오차의 전파를 통한 관성모멘트의 불확도

$$\delta I_A = \sqrt{r^2\left(\frac{g}{2h}t_A^2-1\right)\left[(\delta m)^2+4m^2(\delta r)^2\right]+\left[mr^2\left(\frac{g}{h}t_A^2+1\right)\delta h\right]^2+\left[mr^2\left(\frac{g}{h}t_A\right)\delta t_A\right]^2}$$

$$\delta I_{D,z} = \sqrt{r^2\left(\frac{g}{2h}t_{D,z}^2-1\right)\left[(\delta m)^2+4m^2(\delta r)^2\right]+\left[mr^2\left(\frac{g}{h}t_{D,z}^2+1\right)\delta h\right]^2+\left[mr^2\left(\frac{g}{h}t_{D,z}\right)\delta t_{D,z}\right]^2+(\delta I_A)^2}$$

$$\delta I_{D,x} = \sqrt{r^2\left(\frac{g}{2h}t_{D,x}^2-1\right)\left[(\delta m)^2+4m^2(\delta r)^2\right]+\left[mr^2\left(\frac{g}{h}t_{D,x}^2+1\right)\delta h\right]^2+\left[mr^2\left(\frac{g}{h}t_{D,x}\right)\delta t_{D,x}\right]^2+(\delta I_A)^2}$$

$$\delta I_R = \sqrt{r^2\left(\frac{g}{2h}t_R^2-1\right)\left[(\delta m)^2+4m^2(\delta r)^2\right]+\left[mr^2\left(\frac{g}{h}t_R^2+1\right)\delta h\right]^2+\left[mr^2\left(\frac{g}{h}t_R\right)\delta t_R\right]^2+(\delta I_A)^2+(\delta I_{D,z})^2}$$

**실험 3**　회전축이 질량 중심축과 다를 경우

| | | $t_P[\text{s}]$ | $d[\text{m}]$ | | | |
|---|---|---|---|---|---|---|
| | | | $t_d[\text{s}]$ | $t_d[\text{s}]$ | $t_d[\text{s}]$ | $t_d[\text{s}]$ |
| 평균[s] | | | | | | |
| 표준오차[s] | | | | | | |
| 관성 모멘트 | | $I_P$ | | | | |
| | 측정값 | | | | | |
| | 이론값 | | | | | |
| | 상대오차[%] | | | | | |
| | | $\delta I_P$ | $\delta I_d$ | | | |
| | 관성모멘트의 불확도 | | | | | |
| | 관성모멘트의 상대불확도[%] | | | | | |

‖ 오차의 전파를 통한 관성모멘트의 불확도

$$\delta I_P = \sqrt{r^2\left(\frac{g}{2h}t_P^2-1\right)\left[(\delta m)^2+4m^2(\delta r)^2\right]+\left[mr^2\left(\frac{g}{h}t_P^2+1\right)\delta h\right]^2+\left[mr^2\left(\frac{g}{h}t_P\right)\delta t_P\right]^2}$$

$$\delta I_d = \sqrt{r^2\left(\frac{g}{2h}t_P^2-1\right)\left[(\delta m)^2+4m^2(\delta r)^2\right]+\left[mr^2\left(\frac{g}{h}t_P^2+1\right)\delta h\right]^2+\left[mr^2\left(\frac{g}{h}t_P\right)\delta t_P\right]^2+(\delta I_P)^2}$$

CHAPTER 12.   전자기기 사용법 (1)

CHAPTER 13.   전자기기 사용법 (2)

CHAPTER 14.   직류회로

CHAPTER 15.   축전기의 충전과 방전

CHAPTER 16.   전류저울

CHAPTER 17.   전류가 만드는 자기장

CHAPTER 18.   유도 기전력

CHAPTER 19.   교류회로

CHAPTER 20.   슬릿에 의한 빛의 간섭과 회절

PART

# 02

일반 물리학 실험 II :
## 기초 전자기 실험

# CHAPTER 12
# 전자기기 사용법 (1)

## 1. 실험 목적

간단한 회로를 구성하여 전압, 전류 및 전기저항을 측정하여 전자기 관련 물리 실험에 필요한 기본 측정 장비인 오실로스코프 및 멀티미터 그리고 전원 발생 장치인 함수발생기 및 직류 전원 장치의 사용법을 익힌다.

## 2. 실험 원리

### 1) Ohm의 법칙

전압 $V$, 전류 $I$ 및 저항 $R$ 사이에는 다음과 같은 관계가 있다.

$$V = IR \tag{12.1}$$

많은 경우 저항 $R$은 전류나 전압의 크기와 관계없이 일정한데, 이 경우 'Ohm의 법칙을 만족한다'라고 한다.

### 2) 실효값

교류전압이 그림 12.1과 같이 시간에 대하여 사인 또는 코사인 함수를 따를 때 진폭 $V_M$과 실효값 $V_{AC}$ 사이에는 다음의 관계가 있다.

$$V_{AC} = \frac{1}{\sqrt{2}} V_M \tag{12.2}$$

이 관계는 교류전압뿐만 아니라 교류전류에 대해서도 마찬가지여서 교류전류 진폭 $I_M$과 실효전류 $I_{AC}$ 사이에는 다음 관계식이 성립된다.

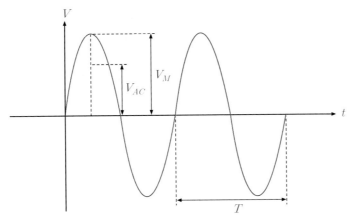

그림 12.1 시간에 따른 교류전압의 변화

$$I_{AC} = \frac{1}{\sqrt{2}} I_M \tag{12.3}$$

‖ 측정영역의 선택 : 측정계기를 사용할 때(멀티미터나 오실로스코프 등) 모든 측정에서의 측정영역(range)의 선택은 측정 한계값을 초과하지 않는 범위에서 유효숫자가 가장 많이 나타나도록 설정한다. 예를 들어, 어느 전지의 전압을 멀티미터로 측정하였을 때 1000 V 영역에서 1 V, 200 V 영역에서 1.1 V, 20 V 영역에서 1.08 V, 2 V 영역에서 1.081 V, 그리고 200 mV 영역에서 OL(overload, 즉 측정한계를 벗어났다는 뜻)로 측정되었다면 2 V 영역에서 가장 많은 유효숫자를 읽게 되므로 이 영역이 가장 바람직한 측정영역으로 선택되는 것이다.

‖ 직류 전원장치는 직류전압을, 함수발생기는 교류전압을 발생시키는 장치다. 그리고 멀티미터와 오실로스코프는 우리가 알고 싶어 하는 전기적인 물리량을 측정하는 장치다. 멀티미터와 오실로스코프가 각각 어떤 물리량을 측정할 수 있는지 미리 알아보고 측정을 통해 어떤 장점과 단점(한계점)이 있는지 알아보자.

## 3) 저항의 색 표시

색저항의 저항값은 색 띠로 나타내는데 주로 4개 또는 5개의 색 띠를 가진 저항이 사용되고 있다. 저항값을 표시하는 방법은 표 12.1과 같다. 예를 들어, 갈색-검정-빨강-금색의 4색을 가지고 있는 저항이라면 $(10 \times 10^2 \ \Omega) \pm 5\%$, 즉 $1 \ k\Omega \pm 5\%$ 의 저항값을 나타낸다.

**표 12.1 저항의 색 표시**

| 구분 | 검정 | 갈색 | 빨강 | 주황 | 노랑 | 초록 | 파랑 | 보라 | 회색 | 흰색 | 금색 | 은색 | 무색 |
|---|---|---|---|---|---|---|---|---|---|---|---|---|---|
| A, B, C (유효숫자) | 0 | 1 | 2 | 3 | 4 | 5 | 6 | 7 | 8 | 9 | | | |
| D(승수) | $10^0$ | $10^1$ | $10^2$ | $10^3$ | $10^4$ | $10^5$ | $10^6$ | $10^7$ | $10^8$ | $10^9$ | $10^{-1}$ | $10^{-2}$ | |
| E(오차) | | 1% | 2% | | | | | | | | 5% | 10% | 20% |
| 그림 | | | | | | | | | | | | | |

$A\ B\ D\ E$

저항값 $= (AB \times D\Omega) \pm E\%$

$A\ B\ C\ D\ E$

저항값 $= (ABC \times D\Omega) \pm E\%$

## 3. 실험 기구 및 재료

오실로스코프, 함수발생기, 직류 전원 장치, 멀티미터

‖ 각 장치의 사용법은 부록 참조


## 4. 실험 방법

실험 1       직류전압 측정

① **사용 장치** : 멀티미터, 직류 전원 장치, 오실로스코프
② 직류 전원 장치의 출력 전압을 멀티미터와 오실로스코프로 측정하여 비교한다.

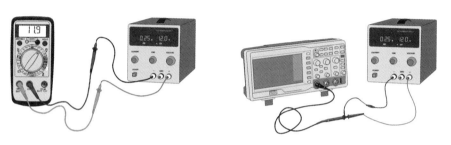

그림 12.2  직류전압 측정


실험 2       교류전압 측정

① **사용 장치** : 멀티미터, 함수발생기, 오실로스코프
② 함수발생기의 파형 선택 단추(WAVE)가 sine파형(∿)으로 설정되어 있는지 확인한다.
③ 진폭(AMPL)을 임의로 몇 단계로 나누어 조절하여 멀티미터와 오실로스코프로 전압을 측정한다.

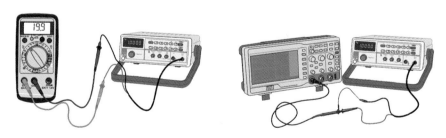

그림 12.3  교류전압 측정

## 실험 3    진동수(주기) 측정

① **사용 장치** : 함수발생기, 오실로스코프

② 함수발생기의 출력선을 오실로스코프의 프로브와 연결한다.

③ 함수발생기의 진동수를 50, 100, 200, 500 Hz로 바꾸면서 오실로스코프로 교류전압의 주기 및
진동수를 측정한다.

## 실험 4    전기저항 측정

① **사용 장치** : 멀티미터, 저항

② 주어진 저항의 저항값을 멀티미터를 사용하여 측정하고 색으로 읽은 저항값과 비교한다(색저항
읽는 법은 '직류회로' 참조).

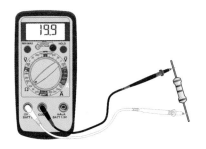

그림 12.4   전기저항 측정

# 데이터 시트

---

**실험 1**　　**직류전압 측정**

| $V$ [V] | 멀티미터 | | 오실로스코프 | | |
|---|---|---|---|---|---|
| | 측정영역<br>(RANGE) | $V$ [V] | V/div | 수직칸수 | $V$ [V] |
| 1.0 | | | | | |
| 2.0 | | | | | |
| 5.0 | | | | | |
| 10.0 | | | | | |

**실험 2**　　**교류전압 측정**

| 함수발생기 | | 멀티미터 | | 오실로스코프(수직축) | | | |
|---|---|---|---|---|---|---|---|
| 진폭 | 진동수[Hz] | 측정영역<br>(RANGE) | $V_{AC}$ | V/div | 진폭의<br>수직칸수 | $V_M$ | $V_{AC}$ |
| 진폭 1 | 100 | | | | | | |
| | 200 | | | | | | |
| 진폭 2 | 100 | | | | | | |
| | 200 | | | | | | |

**실험 3**　　진동수(주기) 측정

| 함수발생기 | 오실로스코프(수평축) | | | |
|---|---|---|---|---|
| 진동수[Hz] | s/div | 한 주기의 수평칸수 | 주기 $T$ | 진동수 $f$ |
| 50 | | | | |
| 100 | | | | |
| 200 | | | | |
| 500 | | | | |

**실험 4**　　전기저항 측정

| 저항 | | | | | 멀티미터 | |
|---|---|---|---|---|---|---|
| | 색 1 | 색 2 | 색 3 | 색 4 | 측정영역(RANGE) | 저항값 |
| 저항 1 | | | | | | |
| 저항 2 | | | | | | |

# 실험 결과

---

**실험 1**     **직류전압 측정**

| $V$ [V] | 멀티미터 | | | 오실로스코프 | | |
|---|---|---|---|---|---|---|
| | $V$ [V] | $\delta V$ [V] | 상대 불확도[%] | $V$ [V] | $\delta V$ [V] | 상대 불확도[%] |
| 1.0 | | | | | | |
| 2.0 | | | | | | |
| 5.0 | | | | | | |
| 10.0 | | | | | | |

**실험 2**     **교류전압 측정**

| 함수발생기 | | 멀티미터 | | | 오실로스코프(수직축) | | |
|---|---|---|---|---|---|---|---|
| 진폭 | 진동수[Hz] | $V_{AC}$[V] | $\delta V_{AC}$[V] | 상대 불확도[%] | $V_{AC}$[V] | $\delta V_{AC}$[V] | $V_{AC}$의 상대 불확도[%] |
| 진폭 1 | 100 | | | | | | |
| | 200 | | | | | | |
| 진폭 2 | 100 | | | | | | |
| | 200 | | | | | | |

**실험 3**  진동수(주기) 측정

| 함수발생기 | 오실로스코프(수평축) | | | | |
|---|---|---|---|---|---|
| 진동수[Hz] | $T$ [s] | $\delta T$ [s] | $f$ [Hz] | $\delta f$ [Hz] | $f$의 상대 불확도[%] |
| 50 | | | | | |
| 100 | | | | | |
| 200 | | | | | |
| 500 | | | | | |

‖ 오차의 전파를 통한 진동수($f$)의 불확도

$$\delta f = \sqrt{\left(\frac{\partial f}{\partial T}\delta T\right)^2} = \frac{1}{T^2}\delta T$$

**실험 4**  전기저항 측정

| 저항 | | 멀티미터 | | | 상대오차[%] |
|---|---|---|---|---|---|
| | 이론값(색저항) | $R$ [Ω] | $\delta R$ [Ω] | 상대 불확도[%] | |
| 저항 1 | | | | | |
| 저항 2 | | | | | |

# CHAPTER 13

# 전자기기 사용법 (2)

## 1. 실험 목적

간단한 회로를 구성하여 전압, 전류 및 전기저항을 측정하여 전자기 관련 물리 실험에 필요한 기본 측정 장비인 오실로스코프 및 멀티미터 그리고 전원 발생 장치인 함수발생기 및 직류 전원 장치의 사용법을 익힌다.

## 2. 실험 원리

12장 '전자기기 사용법 (1)' 참고

## 3. 실험 기구 및 재료

오실로스코프, 함수발생기, 직류 전원 장치, 멀티미터

‖ 각 장치의 사용법은 부록 참조

## 4. 실험 방법

___

**실험 1**      **직류전류 측정**
___

① **사용 장치** : 멀티미터, 직류 전원 장치, 저항
② **직류전압** : 1 V, 2 V, 3 V, 4 V
③ 멀티미터, 직류 전원 장치, 저항을 직렬로 연결하여 전류가 흐르게 하고, 멀티미터에 나타난 전류를 읽는다. 이로부터 전압, 전류, 저항 사이에 어떤 관계가 있는지 알아본다.

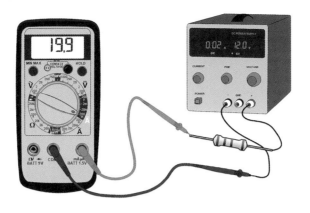

그림 13.1 직류전류 측정

---

**실험 2**     교류전류 측정

① **사용 장치** : 멀티미터, 함수발생기, 저항

② **진동수** : 100 Hz

③ **직류전압** : 1 V, 2 V, 3 V, 4 V

④ 멀티미터, 함수발생기, 저항을 직렬로 연결하여 전류가 흐르게 하고 멀티미터에 나타난 전류를 읽는다. 이로부터 교류전압, 전류, 저항 사이에 어떤 관계가 있는지 알아본다.

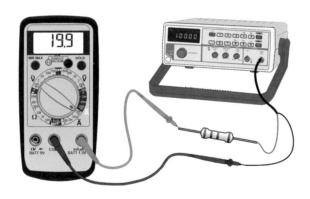

그림 13.2 교류전류 측정

# 데이터 시트

**실험 1**   **직류전류 측정**

| 저항 | | 전압 | | 멀티미터 | |
|---|---|---|---|---|---|
| | $R[\Omega]$ | 출력값 [V] | 실제 출력값 [V] | 측정영역(RANGE) | $I[mA]$ |
| 저항 1 | | 1 | | | |
| | | 2 | | | |
| | | 3 | | | |
| | | 4 | | | |
| 저항 2 | | 1 | | | |
| | | 2 | | | |
| | | 3 | | | |
| | | 4 | | | |

**실험 2**   **교류전류 측정**

• 진동수 =

| 저항 | | 전압 | | 멀티미터 | |
|---|---|---|---|---|---|
| | $R[\Omega]$ | 출력값 [V] | 실제 출력값 [V] | 측정영역(RANGE) | $I[mA]$ |
| 저항 1 | | 1 | | | |
| | | 2 | | | |
| | | 3 | | | |
| | | 4 | | | |
| 저항 2 | | 1 | | | |
| | | 2 | | | |
| | | 3 | | | |
| | | 4 | | | |

# 실험 결과

**실험 1** 직류전류 측정

| 저항 | | | 전압 | | | 전류 | | |
|---|---|---|---|---|---|---|---|---|
| | $R\,[\Omega]$ | $\delta R\,[\Omega]$ | 상대<br>불확도<br>[%] | $V\,[\text{V}]$ | $\delta V\,[\text{V}]$ | 상대<br>불확도<br>[%] | $I$ | $\delta I$ | 상대<br>불확도<br>[%] |
| 저항 1 | | | | | | | | | |
| | | | | | | | | | |
| | | | | | | | | | |
| | | | | | | | | | |
| 저항 2 | | | | | | | | | |
| | | | | | | | | | |
| | | | | | | | | | |
| | | | | | | | | | |

∥ 불확도는 측정범위(Range)에 따라 달라지므로 측정범위별로 각각 작성한다.

**실험 2** 교류전류 측정

| 저항 | | | 전압 | | | 전류 | | |
|---|---|---|---|---|---|---|---|---|
| | $R\,[\Omega]$ | $\delta R\,[\Omega]$ | 상대<br>불확도<br>[%] | $V\,[\text{V}]$ | $\delta V\,[\text{V}]$ | 상대<br>불확도<br>[%] | $I$ | $\delta I$ | 상대<br>불확도<br>[%] |
| 저항 1 | | | | | | | | | |
| | | | | | | | | | |
| | | | | | | | | | |
| | | | | | | | | | |
| 저항 2 | | | | | | | | | |
| | | | | | | | | | |
| | | | | | | | | | |
| | | | | | | | | | |

∥ 불확도는 측정범위(Range)에 따라 달라지므로 측정범위별로 각각 작성한다.

## CHAPTER 14

# 직류회로

## 1. 실험 목적

여러 개의 저항체와 직류 전원을 사용하여 직렬회로와 병렬회로를 구성하고, 회로의 각 지점에서의 전압과 전류를 측정하여 Ohm의 법칙과 Kirchhoff의 법칙을 확인한다.

## 2. 실험 원리

### 1) Ohm의 법칙

금속 도체는 전도전자들을 가지고 있다. 전도전자들의 열적 운동은 불규칙적이어서 알짜 전류를 만들지는 않지만 외부에서 전기장을 가하면 전도전자들은 전기장과 반대 방향으로 움직이며 전류를 만든다. 이로부터 전기장의 크기와 전류의 관계를 유추해 볼 수 있는데 Ohm의 법칙은 다음과 같다.

"일정한 온도에서 금속 도체의 두 점 사이의 전위차와 전류의 비는 일정하다."

이 일정한 비를 두 점 사이의 전기저항 $R$이라 하며 단위는 $\Omega$ (ohm)이다. 따라서 도체 양끝 사이의 전위차(전압)가 $\Delta V$이고 전류가 $I$이면 Ohm의 법칙은 다음 식으로 쓸 수 있다.

$$\Delta V = RI \;\; \text{또는} \;\; \frac{\Delta V}{I} = R \tag{14.1}$$

Ohm의 법칙은 많은 도체에 대해서 넓은 범위의 $\Delta V$, $I$ 및 온도 영역에서 잘 성립되며 $I$에 대한 $\Delta V$의 값을 그림으로 그리면 직선이 되고 이 직선의 기울기가 도체의 저항을 나타낸다. 그러나 Ohm의 법칙을 따르지 않는 물질도 많이 있음을 유의해야 한다. 저항의 단위인 $\Omega$ 은 식 (14.1)로부터 $V/A$ 또는 $m^2 kg s^{-1} C^{-2}$임을 알 수 있는데 양끝 사이의 전위차를 $1\ V$로 유지할 때 $1 A$의 전류가 흐르면 도체의 저항은 $1\Omega$ 이 된다. 일반적으로 거의 모든 물체는 저항이 있으며, 저항이 있는 물체를 저항체라 한다.

126 일반 물리학 실험

## 2) 저항의 연결

### (1) 직렬 연결

그림 14.1과 같이 저항의 직렬 연결에서 모든 저항체에는 같은 전류 $I$가 흐른다. Ohm의 법칙에 의하여 각 저항 양단의 전위차는 다음과 같다.

$$V_1 = R_1 I, \quad V_2 = R_2 I, \quad V_3 = R_3 I \tag{14.2}$$

그러므로 전위차의 합은 다음과 같이 된다.

$$V_S = V_1 + V_2 + V_3 = (R_1 + R_2 + R_3)I \tag{14.3}$$

이 회로는 $V_S = R_S I$를 만족하는 단일 저항 $R_S$로 치환할 수 있다. 따라서 저항의 직렬 연결에 의한 합성저항은 다음과 같다.

$$R_S = R_1 + R_2 + R_3 \tag{14.4}$$

### (2) 병렬 연결

그림 14.2와 같이 저항의 병렬 연결에서 모든 저항체에 인가되는 전위차는 같다. 따라서 Ohm의 법칙에 따라 각 저항에 흐르는 전류는 다음과 같다.

$$I_1 = \frac{V_P}{R_1}, \quad I_2 = \frac{V_P}{R_2}, \quad I_3 = \frac{V_P}{R_3} \tag{14.5}$$

회로에 흐르는 총전류 $I$는 다음과 같다.

$$I = I_1 + I_2 + I_3 = \left( \frac{1}{R_1} + \frac{1}{R_2} + \frac{1}{R_3} \right) V_P \tag{14.6}$$

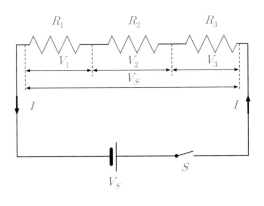

**그림 14.1  저항의 직렬 연결**

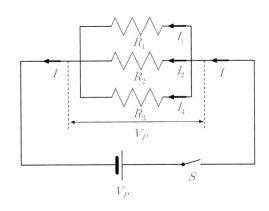

**그림 14.2  저항의 병렬 연결**

이 회로는 $I = V_P/R_P$을 만족하는 단일저항 $R_P$로 치환될 수 있으므로 저항의 병렬 연결에 대한 합성저항은 다음과 같다.

$$\frac{1}{R_P} = \frac{1}{R_1} + \frac{1}{R_2} + \frac{1}{R_3} \tag{14.7}$$

## 3) 전기회로망에서 전류를 계산하는 방법(Kirchhoff의 법칙)

전기회로는 그림 14.1과 14.2에 예시된 것과 같이 저항체들과 기전력 장치로 구성되어 있다. 각 저항체에 흐르는 전류를 구하기 위해서 잘 알려진 Kirchhoff의 법칙을 사용한다. 이 법칙은 단지 전하 보존과 에너지 보존 법칙을 회로망에 적용한 것으로 다음과 같이 기술할 수 있다.

- 제1법칙 : 회로망 내 한 접점에서 모든 전류의 합은 0이다.
- 제2법칙 : 회로망 내 임의의 닫힌 경로에서 모든 전위차의 합은 0이다.

제1법칙은 전하가 한 접점에 도달한 그 순간에 그곳을 떠나게 되어 전하가 보존됨을 나타내며, 제2법칙은 전하가 닫힌 회로를 흘러 처음 위치로 되돌아오면 그 전하의 순 에너지 변화는 0이 되어야 하므로 에너지가 보존됨을 나타낸다. 제1법칙을 적용할 때는 접점에서 나가는 전류는 양으로, 접점으로 들어오는 전류는 음으로(또는 그 반대로 정해도 된다.) 전류의 부호를 정해야 한다. 제2법칙을 적용할 때는 다음 약속을 따른다.

- 저항 양끝의 전위차 부호는 계산 경로가 전류와 같은 방향인지 혹은 반대 방향인지에 따라 양 또는 음으로 선택한다.
- 기전력 장치를 지날 때는 기전력 장치가 작용하는(전위가 증가) 방향인지 혹은 반대 방향(전위가 감소)인지에 따라 음 또는 양으로 선택한다.

## 4) 저항의 색 표시

색저항의 저항값은 색 띠로 나타내는데 주로 4개 또는 5개의 색 띠를 가진 저항이 사용되고 있다. 저항값을 표시하는 방법은 표 12.1과 같다. 예를 들어, 갈색-검정-빨강-금색의 4색을 가지고 있는 저항이라면 $(10 \times 10^2\ \Omega) \pm 5\%$, 즉 $1\ \mathrm{k}\Omega \pm 5\%$의 저항값을 나타낸다.

## 3. 실험 기구 및 재료

직류 전원 장치, 멀티미터, 색저항 3개

## 4. 실험 방법

실험을 하기 전 부록의 멀티미터 사용 시 유의사항을 충분히 읽고 숙지하시오.

---

**실험 1**    **직렬회로**

---

① 그림 14.1과 같이 직렬회로를 구성한다.

② 직류 전원 장치의 전압조정 손잡이를 반시계 방향 끝까지 돌린 후 전원을 넣고 출력선을 회로에 연결한 다음 인가 전압 $V_S$를 1 V가 되도록 조정한다.

③ 멀티미터로 저항 $R_1$, $R_2$, $R_3$ 양단의 전위차 $V_1$, $V_2$, $V_3$와 전류 $I$를 측정한다.

④ 전체전압 $V_S$를 1 V씩 증가시키면서 과정 ③을 반복한다.

⑤ 전원 장치의 출력선을 회로에서 분리한 후 멀티미터로 $R_1$, $R_2$, $R_3$와 $R_S$를 측정한다.

⑥ 각 저항 양단의 전류 대 전압 그래프($I-V$ 그래프)를 그리고 최소 제곱법을 이용해 $R_1$, $R_2$, $R_3$와 $R_S$를 구한다.

---

**실험 2**    **병렬회로**

---

① 그림 14.2와 같이 병렬회로를 구성한다.

② 직류 전원 장치의 전압조정 손잡이를 반시계 방향 끝까지 돌린 후 출력선을 회로에 연결한 다음 인가전압 $V_P$를 1 V가 되도록 조정한다.

③ 멀티미터로 $R_1$, $R_2$, $R_3$ 양단의 전위차 $V_P$와 각 저항에 흐르는 전류 $I_1$, $I_2$, $I_3$와 전체 전류 $I$를 측정한다.

④ 전체전압 $V_P$를 1 V씩 증가시키면서 과정 ③을 반복한다.

⑤ 전원 장치의 출력선을 회로에서 분리한 후 멀티미터로 $R_1$, $R_2$, $R_3$와 $R_P$를 측정한다.

⑥ 각 저항 양단의 전위차 대 전류 그래프를 그리고 최소 제곱법을 이용해 $R_1$, $R_2$, $R_3$와 $R_P$를 구한다.

# 5. 질문 및 토의

① 아날로그 전압계와 전류계의 구조와 원리를 찾아보고, 전류계의 자체 저항은 매우 작고, 전압계의 자체 저항은 매우 커야 하는 이유를 설명하시오.

② 멀티미터로 저항을 측정할 때 저항체를 회로에 연결한 상태에서 저항값을 측정하면 올바른 값을 측정하지 못하는 경우가 많다. 그 이유를 설명하시오.

# 데이터 시트

CHAPTER 14 직류회로

**실험 1**    **직렬회로**

- 색코드에 나타난 저항값 :

  $R_1 =$              $R_2 =$              $R_3 =$

- 멀티미터로 측정한 저항값 :

  $R_1 =$              $R_2 =$              $R_3 =$

| $V_S$[V] | $I$ [mA] | $V_1$ [V] | $V_2$ [V] | $V_3$ [V] |
|---|---|---|---|---|
| 1.0 | | | | |
| 2.0 | | | | |
| 3.0 | | | | |
| 4.0 | | | | |
| 5.0 | | | | |

**실험 2**    **병렬회로**

- 색코드에 나타난 저항값 :

  $R_1 =$              $R_2 =$              $R_3 =$

- 멀티미터로 측정한 저항값 :

  $R_1 =$              $R_2 =$              $R_3 =$

| $V_P$[V] | $I$ [mA] | $I_1$ [mA] | $I_2$ [mA] | $I_3$ [mA] |
|---|---|---|---|---|
| 1.0 | | | | |
| 2.0 | | | | |
| 3.0 | | | | |
| 4.0 | | | | |
| 5.0 | | | | |

# 실험 결과

**실험 1**　**직렬회로**

(1) $I - V_S$, $I - V_1$, $I - V_2$, $I - V_3$ 그래프(한 그래프에 모두 제시하기)

| | 기울기를 통한 저항[Ω] | 기울기의 불확도를 통한 저항의 불확도[Ω] | 실험결과[Ω] (대푯값±불확도) | 상대오차[%] | 상대 불확도[%] |
|---|---|---|---|---|---|
| $R_S$ | | | | | |
| $R_1$ | | | | | |
| $R_2$ | | | | | |
| $R_3$ | | | | | |

‖ 기울기가 $b\left(b = \dfrac{1}{R}\right)$일 때, 오차의 전파를 통한 저항($R$)의 불확도

$$\delta R = \sqrt{\left(\frac{\partial R}{\partial b}\delta b\right)^2} = \frac{1}{b^2}\delta b$$

‖ 저항의 이론값은 멀티미터로 측정한 값으로 설정한다.

**실험 2**　**병렬회로**

(1) $I - V_P$, $I_1 - V_P$, $I_2 - V_P$, $I_3 - V_P$ 그래프(한 그래프에 모두 제시하기)

| | 기울기를 통한 저항[Ω] | 기울기의 불확도를 통한 저항의 불확도[Ω] | 실험결과[Ω] (대푯값±불확도) | 상대오차[%] | 상대 불확도[%] |
|---|---|---|---|---|---|
| $R_P$ | | | | | |
| $R_1$ | | | | | |
| $R_2$ | | | | | |
| $R_3$ | | | | | |

‖ 기울기가 $b\left(b = \dfrac{1}{R}\right)$일 때, 오차의 전파를 통한 저항($R$)의 불확도

$$\delta R = \sqrt{\left(\frac{\partial R}{\partial b}\delta b\right)^2} = \frac{1}{b^2}\delta b$$

‖ 저항의 이론값은 멀티미터로 측정한 값으로 설정한다.

# CHAPTER 15

# 축전기의 충전과 방전

## 1. 실험 목적

축전기의 충전과 방전 과정을 관찰하여 축전기의 기능을 알아본다.

## 2. 실험 원리

### 1) 축전기의 충전 과정

그림 15.1(a)와 같은 축전기, 저항, 기전력 장치로 구성된 직렬회로를 생각하자. 축전기가 초기에 충전되지 않았고 스위치가 열려 있으면 회로에는 전류가 흐르지 않는다. 시간 $t = 0$일 때 스위치를 닫으면 전류가 회로에 흐르기 시작하여 축전기에 충전이 된다. 시간 $t$인 순간 축전기에 충전된 전하량이 $q$라고 하면 흐르는 전류는 다음과 같다.

$$I = \frac{dq}{dt} \tag{15.1}$$

축전기의 전하는 축전기에 $\Delta V = q/C$의 전위차를 만든다. 축전기에 전하가 충전되어 $\Delta V = V_0$가 되면 회로에는 전류가 흐르지 않게 되며, 이때 충전된 전하량은 $Q = \Delta VC = V_0C$가 된다.

시간에 따라 축전기에 충전된 전하량, 전위차, 회로에 흐르는 전류를 알아보기 위해 주어진 회로에 Kirchhoff 제2법칙을 적용하면 다음과 같이 된다.

$$\frac{q}{C} + IR = V_0 \tag{15.2}$$

여기에 식 (15.1)을 대입하면 다음과 같다.

$$\frac{dq}{q - V_0C} = -\frac{1}{RC}dt \tag{15.3}$$

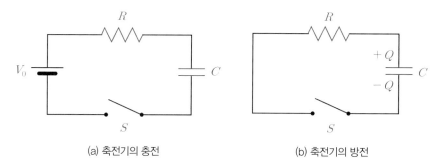

(a) 축전기의 충전　　　　　(b) 축전기의 방전

그림 15.1　축전기의 충전과 방전

　　초기 조건, 즉 $t = 0$일 때 축전기의 전하량이 $q = 0$이라는 것을 적용하면 위 미분방정식의 해는 다음과 같다.

$$q = V_0 C \left( 1 - e^{-t/RC} \right) \tag{15.4}$$

　　이때 최댓값의 63.2%까지 충전되는 데 걸리는 시간 $t = RC$를 시상수(time constant)라 부른다. 축전기에 걸리는 전위차는 다음과 같이 전하량과 비례하고 같은 시간의 함수로 나타난다.

$$\Delta V = V_0 \left( 1 - e^{-t/RC} \right) \tag{15.5}$$

　　회로에 흐르는 전류는 다음과 같이 시간에 따라 지수적으로 감소하고 시상수는 초기 전류값에 대해 36.8%까지 감소하는 데 걸리는 시간이라는 것을 알 수 있다.

$$I = \frac{dq}{dt} = \frac{V_0}{R} e^{-t/RC} \tag{15.6}$$

## 2) 축전기의 방전 과정

이제 그림 15.1(b)와 같이 회로의 스위치를 열고 기전력 장치(전원)를 분리한 다음 스위치를 닫으면 충전된 축전기의 전위차에 의해 회로에 전류가 흐른다. 충전된 전하량의 시간에 따른 변화와 전류를 계산하기 위하여 주어진 회로에 Kirchhoff 제2법칙을 적용하면 다음과 같이 된다.

$$\frac{q}{C} + IR = 0 \tag{15.7}$$

　　여기에 식 (15.1)을 대입하면 다음과 같다.

$$\frac{dq}{q} = -\frac{1}{RC} dt \tag{15.8}$$

초기 조건, 즉 $t = 0$일 때 축전기의 전하량이 $q = Q = V_0 C$라는 것을 적용하면 위 미분방정식의 해는 다음과 같다.

$$q = V_0 C e^{-t/RC} \tag{15.9}$$

$$\Delta V = V_0 e^{-t/RC} \tag{15.10}$$

$$I = \frac{dq}{dt} = -\frac{V_0}{R} e^{-t/RC} \tag{15.11}$$

전하량과 전류는 시간에 대해 지수적으로 감소하며 $t = RC$일 때는 초기값에 대해 63.2%만큼 감소하게 된다. 전류의 (−) 부호는 충전되는 경우와 반대로 전류가 흐르는 것을 나타낸다.

## 3. 실험 기구 및 재료

축전기(capacitor), 저항, Go Direct Voltage, 직류 전원 장치, 멀티미터, 초시계

## 4. 실험 방법

실험을 하기 전 부록의 멀티미터 사용 시 유의사항을 충분히 읽고 숙지한다. 사용하는 축전기의 외부에 + 또는 − 표시가 있다면 극성이 있는 것이다. 극성이 있는 축전기는 회로에 연결할 때 방향에 유의한다. 몇 초 간격으로 측정할지는 간단한 예비실험을 미리 해보고 결정한다. 초시계와 함께 전류계의 영상을 찍은 후 영상을 보고 기록한다.

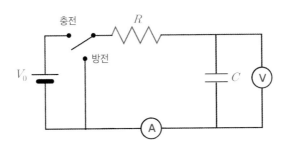

그림 15.2  실험 장치 구성도

실험 세팅

① 그림 15.3과 같이 회로를 구성한다.

② 컴퓨터에 Vernier Graphical Analysis 프로그램을 설치한다.

③ 축전기 양단에 걸리는 전압을 측정하기 위해서 전압계 대신 Go Direct Voltage 장치를 컴퓨터와 회로에 연결한다.

> ‖ Go Direct Voltage는 회로에 걸리는 전압을 컴퓨터로 측정하는 장치다. 장치의 상단부는 USB 연결 단자이며, 하단부는 집게 전선이 연결되어 있어 회로에 연결할 수 있다. 하단부에 있는 집게 전선을 축전기 양단에 병렬로 연결한다.

④ Go Direct Voltage 장치 상단부에 USB를 연결하면 프로그램에서 신호를 자동으로 잡아 측정할 수 있도록 세팅된다. 또는 ⏻ 버튼을 한 번 눌러 블루투스로 연결한다. ⏻ 버튼을 한 번 누르면 블루투스 문양 아래에 빨간색 점등이 깜빡이고, 연결이 되면 노란색으로 바뀐다. 블루투스는 컴퓨터의 블루투스를 활성화시키고 프로그램 내 오른쪽 하단에 있는 돋보기 모양 버튼을 클릭하여 설정한다.

USB 연결단자

집게 전선

**그림 15.3**   Go Direct Voltage

충전 과정

① 표시된 축전기의 용량과 저항의 저항값을 기록하고 회로에 연결한다.

② 전원 장치의 전원을 켜고 충전 과정이 일어나도록 스위치를 전환한다. Vernier Graphical Analysis 프로그램으로 축전기 양단의 전압 $V_C$을 측정한다. 회로에 흐르는 전류 $I$는 영상으로 촬영한 후에 일정한 시간 간격으로 기록한다.

방전 과정

방전 과정이 일어나도록 스위치를 전환한다. Vernier Graphical Analysis 프로그램으로 축전기 양단의 전압 $V_C$을 측정한다. 회로에 흐르는 전류 $I$는 영상으로 촬영한 후에 일정한 시간 간격으로 기록한다.

축전기와 저항 교체

① 축전기와 저항을 각각 교체하여 '충전 과정', '방전 과정'을 반복한다.

② 시간($t$) 대 전압($V_C$)의 그래프($V_C - t$ 그래프), 시간($t$) 대 전류($I$)의 그래프($I - t$ 그래프)를 그린다.

③ 시간($t$) 대 로그 전압($\ln V_C$), 시간($t$) 대 로그 전류($\ln I$)의 그래프를 그리고 기울기로부터 시상수를 구한다. 충전 전압의 경우에는 측정값에서 $V_0$를 뺀 후 로그를 취한다. 또한 전압이나 전류가 음수일 경우 절댓값을 취한 후 로그를 취한다.

## 5. 질문 및 토의

① 축전기의 용량에 따라 충전과 방전 과정이 어떻게 달라지는지 설명하시오.

② 실험 결과를 보고 시상수가 무엇을 의미하는지 설명해보자.

# 데이터 시트

---

**실험 1**  $C =$　　　　　　$R =$　　　　　　$V_0 =$

| 충전 과정 | | | | | 방전 과정 | | | | |
|---|---|---|---|---|---|---|---|---|---|
| $t$ | $I$ | $V_C$ | $\ln I$ | $\ln V_C$ | $t$ | $I$ | $V_C$ | $\ln I$ | $\ln V_C$ |
| | | | | | | | | | |
| | | | | | | | | | |
| | | | | | | | | | |
| | | | | | | | | | |
| | | | | | | | | | |
| | | | | | | | | | |
| | | | | | | | | | |
| | | | | | | | | | |
| | | | | | | | | | |
| ... | ... | ... | ... | ... | ... | ... | ... | ... | ... |

**실험 2**  $C =$　　　　　　$R =$　　　　　　$V_0 =$

| 충전 과정 | | | | | 방전 과정 | | | | |
|---|---|---|---|---|---|---|---|---|---|
| $t$ | $I$ | $V_C$ | $\ln I$ | $\ln V_C$ | $t$ | $I$ | $V_C$ | $\ln I$ | $\ln V_C$ |
| | | | | | | | | | |
| | | | | | | | | | |
| | | | | | | | | | |
| | | | | | | | | | |
| | | | | | | | | | |
| | | | | | | | | | |
| | | | | | | | | | |
| | | | | | | | | | |
| | | | | | | | | | |
| ... | ... | ... | ... | ... | ... | ... | ... | ... | ... |

**실험 3**

$C =$ 　　　　　　$R =$ 　　　　　　$V_0 =$

| 충전 과정 | | | | | 방전 과정 | | | | |
|---|---|---|---|---|---|---|---|---|---|
| $t$ | $I$ | $V_C$ | $\ln I$ | $\ln V_C$ | $t$ | $I$ | $V_C$ | $\ln I$ | $\ln V_C$ |
| | | | | | | | | | |
| | | | | | | | | | |
| | | | | | | | | | |
| | | | | | | | | | |
| | | | | | | | | | |
| | | | | | | | | | |
| | | | | | | | | | |
| | | | | | | | | | |
| | | | | | | | | | |
| … | … | … | … | … | … | … | … | … | … |

**실험 4**

$C =$ 　　　　　　$R =$ 　　　　　　$V_0 =$

| 충전 과정 | | | | | 방전 과정 | | | | |
|---|---|---|---|---|---|---|---|---|---|
| $t$ | $I$ | $V_C$ | $\ln I$ | $\ln V_C$ | $t$ | $I$ | $V_C$ | $\ln I$ | $\ln V_C$ |
| | | | | | | | | | |
| | | | | | | | | | |
| | | | | | | | | | |
| | | | | | | | | | |
| | | | | | | | | | |
| | | | | | | | | | |
| | | | | | | | | | |
| | | | | | | | | | |
| | | | | | | | | | |
| … | … | … | … | … | … | … | … | … | … |

# 실험 결과

<br>

**실험 1**

(1) $V_C - t$ 그래프, $I - t$ 그래프(이론값과 측정값을 한 그래프에 모두 나타내기)

(2) $\ln(|V - V_0|) - t$ 그래프, $\ln I - t$ 그래프

| 그래프 | 기울기를 통한 시상수[s] | 기울기의 불확도를 통한 시상수의 불확도[s] | 실험결과[s] (대푯값±불확도) | 상대오차[%] | 상대 불확도[%] |
|---|---|---|---|---|---|
| $\ln(|V - V_0|) - t$ | | | | | |
| $\ln I - t$ | | | | | |

‖ 기울기가 $b\left(b = -\dfrac{1}{\tau}\right)$일 때, 오차의 전파를 통한 시상수($\tau$)의 불확도

$$\delta\tau = \sqrt{\left(\frac{\partial\tau}{\partial b}\delta b\right)^2} = \frac{1}{b^2}\delta b$$

<br>

**실험 2**

(1) $V_C - t$ 그래프, $I - t$ 그래프(이론값과 측정값을 한 그래프에 모두 나타내기)

(2) $\ln(|V - V_0|) - t$ 그래프, $\ln I - t$ 그래프

| 그래프 | 기울기를 통한 시상수[s] | 기울기의 불확도를 통한 시상수의 불확도[s] | 실험결과[s] (대푯값±불확도) | 상대오차[%] | 상대 불확도[%] |
|---|---|---|---|---|---|
| $\ln(|V - V_0|) - t$ | | | | | |
| $\ln I - t$ | | | | | |

‖ 기울기가 $b\left(b = -\dfrac{1}{\tau}\right)$일 때, 오차의 전파를 통한 시상수($\tau$)의 불확도

$$\delta\tau = \sqrt{\left(\frac{\partial\tau}{\partial b}\delta b\right)^2} = \frac{1}{b^2}\delta b$$

**실험 3**

(1) $V_C - t$ 그래프, $I - t$ 그래프(이론값과 측정값을 한 그래프에 모두 나타내기)

(2) $\ln(|V - V_0|) - t$ 그래프, $\ln I - t$ 그래프

| 그래프 | 기울기를 통한 시상수[s] | 기울기의 불확도를 통한 시상수의 불확도[s] | 실험결과[s] (대푯값±불확도) | 상대오차[%] | 상대 불확도[%] |
|---|---|---|---|---|---|
| $\ln(|V - V_0|) - t$ | | | | | |
| $\ln I - t$ | | | | | |

∥ 기울기가 $b\left(b = -\dfrac{1}{\tau}\right)$일 때, 오차의 전파를 통한 시상수($\tau$)의 불확도

$$\delta\tau = \sqrt{\left(\frac{\partial\tau}{\partial b}\delta b\right)^2} = \frac{1}{b^2}\delta b$$

**실험 4**

(1) $V_C - t$ 그래프, $I - t$ 그래프(이론값과 측정값을 한 그래프에 모두 나타내기)

(2) $\ln(|V - V_0|) - t$ 그래프, $\ln I - t$ 그래프

| 그래프 | 기울기를 통한 시상수[s] | 기울기의 불확도를 통한 시상수의 불확도[s] | 실험결과[s] (대푯값±불확도) | 상대오차[%] | 상대 불확도[%] |
|---|---|---|---|---|---|
| $\ln(|V - V_0|) - t$ | | | | | |
| $\ln I - t$ | | | | | |

∥ 기울기가 $b\left(b = -\dfrac{1}{\tau}\right)$일 때, 오차의 전파를 통한 시상수($\tau$)의 불확도

$$\delta\tau = \sqrt{\left(\frac{\partial\tau}{\partial b}\delta b\right)^2} = \frac{1}{b^2}\delta b$$

# CHAPTER 16
# 전류저울

## 1. 실험 목적

전류가 흐르는 전선이 자기장 속에서 받는 힘을 측정하여 자기장을 계산하고 전류와 자기력의 관계를 이해한다.

## 2. 실험 원리

그림 16.1과 같이 전류가 흐르는 도선이 자기장 속에 있으면 다음과 같은 자기력을 받는다.

$$\vec{F_B} = I\vec{L} \times \vec{B} \tag{16.1}$$

여기서, $I$는 전류의 크기, $L$은 도선의 길이, $B$는 자기장이다.

전류의 방향과 자기장 사이의 각을 $\phi$라고 하면 자기력의 크기는 다음과 같다.

$$F_B = ILB\sin\phi \tag{16.2}$$

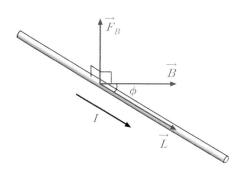

그림 16.1  자기장 속 전류가 받는 힘

$\phi$가 $90°$인 경우에는 다음과 같이 된다.

$$F_B = ILB \qquad (16.3)$$

$I$, $L$값이 주어진 상태에서 힘 $\overrightarrow{F_B}$를 측정하면 자기장의 크기 $B$는 다음 식으로 구할 수 있다.

$$B = \frac{F_B}{IL} \qquad (16.4)$$

## 3. 실험 기구 및 재료

전류저울 장치, 전류 고리 세트, 전자저울(0.01 g), 멀티미터, 직류 전원 장치(3 A)

## 4. 실험 방법

### 1) 직류 전원 장치의 정전류 상태 설정

① 직류 전원 장치의 +, − 출력 단자에 아무것도 연결하지 말고 전원을 켠다.

② 전압조정 손잡이를 돌려 1 V에 맞추고 전류조정 손잡이를 시계반대방향으로 끝까지 돌린다.

③ 회로에 연결하고 정전류 상태 표시등이 켜진 것을 확인한 후 전류 조정 손잡이를 돌려 전류를 제어한다.

유의사항 : 자석 장치 주위에 자기장으로 손상될 수 있는 기기의 접근을 피한다.

| 실험 1 | 전류와 자기력 |

① 그림 16.2와 같이 장치를 한다(전류 고리는 가장 짧은 길이로 선택).

② 저울의 전원을 켠다.

③ 자석 장치를 저울 위에 올리고 전류 고리를 내려서 고리면이 자기장의 방향과 나란하도록(고리의 아래 변을 이루는 도선이 자기장과 수직하도록) 자석 장치의 위치를 조정한다.

④ 전류를 0 A로 설정하고 저울의 '용기' 버튼을 눌러 저울 눈금이 0이 되게 한다.

⑤ 전류를 일정한 간격으로 최대 3 A까지 올리면서 저울을 읽고 힘을 계산하여 기록한다.

⑥ 전류와 힘의 그래프를 그리고 자기장을 구한다.

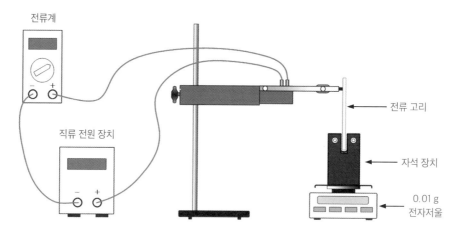

그림 16.2   전류저울 실험 장치

도선의 길이와 자기력

① 길이가 다른 전류 고리를 여러 개 선택하여 실험 1의 과정을 되풀이한다.

② 전류가 1 A, 2 A, 3 A일 때 도선의 길이와 힘의 그래프를 그리고 자기장을 구한다.

전류와 자기장 사이의 각도와 자기력

① 그림 16.3과 같이 장치를 한다.

② 저울의 전원을 켠다. 코일용 자석 장치를 저울 위에 올리고 코일 장치를 내린 후 코일면이 자기장의 방향과 나란하도록 자석 장치의 위치를 조정한다.

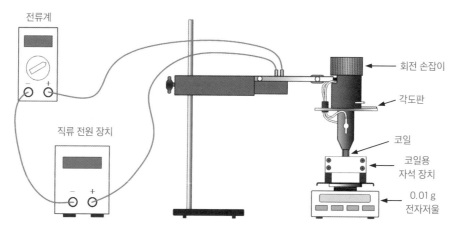

그림 16.3   각도 변화에 따른 자기력 측정

③ 전류를 0 A로 설정하고 저울의 '용기' 버튼을 눌러 저울 눈금이 0이 되게 한다.

④ 전류를 1.0 A로, 각도 $\phi$를 0°로 설정한 후 저울을 읽고 힘을 계산하여 기록한다.

⑤ 각도 $\phi$를 0°에서 90°까지 5° 간격으로 그리고 0°에서 −90°까지 −5° 간격으로 저울의 눈금을 측정한다.

⑥ $\sin\phi$와 힘의 그래프를 그리고 자기장을 구한다.

## 5. 질문 및 토의

① 전류 고리에서 저울의 접시면과 수직한 전류가 받는 힘은 자기력에 어떤 영향을 미치는가?

② 실험에서 사용한 자석 장치의 자기장이 균일하지 않아서 발생할 수 있는 결과들을 나열하고 이유를 설명해보자.

# 데이터 시트

**실험 1**

| L = | |
|---|---|
| 전류[A] | 질량[g] |
| | |
| | |
| | |
| | |
| | |
| | |
| | |

**실험 2**

| L = | | L = | | L = | | L = | | L = | |
|---|---|---|---|---|---|---|---|---|---|
| 전류[A] | 질량[g] | 전류[A] | 질량[g] | 전류[A] | 질량[g] | 전류[A] | 질량[g] | 전류[A] | 질량[g] |
| | | | | | | | | | |
| | | | | | | | | | |
| | | | | | | | | | |
| | | | | | | | | | |
| | | | | | | | | | |
| | | | | | | | | | |
| | | | | | | | | | |

**실험 3**　$I = 1.0A$

$L =$

| 각도[˚] | 질량[g] | 각도[˚] | 질량[g] | 각도[˚] | 질량[g] | 각도[˚] | 질량[g] |
|---|---|---|---|---|---|---|---|
| 0 | | 50 | | 0 | | −50 | |
| 5 | | 55 | | −5 | | −55 | |
| 10 | | 60 | | −10 | | −60 | |
| 15 | | 65 | | −15 | | −65 | |
| 20 | | 70 | | −20 | | −70 | |
| 25 | | 75 | | −25 | | −75 | |
| 30 | | 80 | | −30 | | −80 | |
| 35 | | 85 | | −35 | | −85 | |
| 40 | | 90 | | −40 | | −90 | |
| 45 | | | | −45 | | | |

# 실험 결과

**실험 1**

### 1. 전류에 따른 무게(중력) 구하기

| $L=$ | |
|---|---|
| 전류[A] | 무게[N] |
| | |
| | |
| | |
| | |
| | |
| | |
| | |

### 2. $F - I$ 그래프

| 기울기를 통한 자기장[T] | 기울기의 불확도를 통한 자기장의 불확도[T] | 실험결과[T] (대푯값±불확도) | 상대 불확도[%] |
|---|---|---|---|
| | | | |

∥ 기울기가 $b(b=BL)$일 때, 오차의 전파를 통한 자기장($B$)의 불확도

$$\delta B = \sqrt{\left(\frac{\partial B}{\partial b}\delta b\right)^2 + \left(\frac{\partial B}{\partial L}\delta L\right)^2} = \sqrt{\left(\frac{1}{L}\delta b\right)^2 + \left(\frac{b}{L^2}\delta L\right)^2}$$

## 1. 전류에 따른 무게(중력) 구하기

| $L=$ | | $L=$ | | $L=$ | | $L=$ | | $L=$ | |
|---|---|---|---|---|---|---|---|---|---|
| 전류[A] | 무게[N] | 전류[A] | 무게[N] | 전류[A] | 무게[N] | 전류[A] | 무게[N] | 전류[A] | 무게[N] |
| | | | | | | | | | |
| | | | | | | | | | |
| | | | | | | | | | |
| | | | | | | | | | |
| | | | | | | | | | |
| | | | | | | | | | |
| | | | | | | | | | |

## 2. $F-I$ 그래프

| 도선 길이 | 기울기를 통한 자기장[T] | 기울기의 불확도를 통한 자기장의 불확도[T] | 실험결과[T] (대푯값±불확도) | 상대 불확도[%] |
|---|---|---|---|---|
| | | | | |
| | | | | |
| | | | | |
| | | | | |
| | | | | |

∥ 기울기가 $b(b=BL)$일 때, 오차의 전파를 통한 자기장($B$)의 불확도

$$\delta B = \sqrt{\left(\frac{\partial B}{\partial b}\delta b\right)^2 + \left(\frac{\partial B}{\partial L}\delta L\right)^2} = \sqrt{\left(\frac{1}{L}\delta b\right)^2 + \left(\frac{b}{L^2}\delta L\right)^2}$$

### 1. 각도에 따른 무게(중력) 구하기

| 각도[°] | $\sin\phi$ | 무게[N] | 각도[°] | $\sin\phi$ | 무게[N] | 각도[°] | $\sin\phi$ | 무게[N] | 각도[°] | $\sin\phi$ | 무게[N] |
|---|---|---|---|---|---|---|---|---|---|---|---|
| 0 | | | 50 | | | 0 | | | −50 | | |
| 5 | | | 55 | | | −5 | | | −55 | | |
| 10 | | | 60 | | | −10 | | | −60 | | |
| 15 | | | 65 | | | −15 | | | −65 | | |
| 20 | | | 70 | | | −20 | | | −70 | | |
| 25 | | | 75 | | | −25 | | | −75 | | |
| 30 | | | 80 | | | −30 | | | −80 | | |
| 35 | | | 85 | | | −35 | | | −85 | | |
| 40 | | | 90 | | | −40 | | | −90 | | |
| 45 | | | | | | −45 | | | | | |

### 2. $F-\phi$ 그래프(경향성 파악)

### 3. $F-\sin\phi$ 그래프

| 기울기를 통한 자기장[T] | 기울기의 불확도를 통한 자기장의 불확도[T] | 실험결과[T] (대푯값±불확도) | 상대 불확도[%] |
|---|---|---|---|
| | | | |

∥ 기울기가 $b(b=BIL)$일 때, 오차의 전파를 통한 자기장($B$)의 불확도

$$\delta B = \sqrt{\left(\frac{\partial B}{\partial b}\delta b\right)^2 + \left(\frac{\partial B}{\partial I}\delta I\right)^2 + \left(\frac{\partial B}{\partial L}\delta L\right)^2} = \sqrt{\left(\frac{1}{IL}\delta b\right)^2 + \left(\frac{b}{I^2 L}\delta I\right)^2 + \left(\frac{b}{IL^2}\delta L\right)^2}$$

# CHAPTER 17

# 전류가 만드는 자기장

## 1. 실험 목적

교류전류가 흐르는 도선에서 발생하는 자기장을 탐지 코일에 유도되는 기전력을 측정하여 구한다. 이로써 직선 도선, 원형 도선 주변 및 솔레노이드 내부의 자기장 세기의 분포를 구하고 Faraday 유도 법칙과 Biot-Savart 법칙에 대해 배운다.

## 2. 실험 원리

### 1) 전류가 만드는 자기장

Ampere 고리 내부의 알짜 전류를 $i_{enc}$라고 하면 Ampere 법칙은 다음과 같다.

$$\oint \vec{B} \cdot \vec{ds} = \mu_0 i_{enc} \tag{17.1}$$

여기서, $\mu_0$는 진공에서의 투자율이며, 그 값은 $4\pi \times 10^{-7} \, \text{T} \cdot \text{m/A}$ 이다.

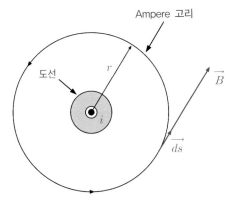

그림 17.1  직선 전류 주위의 자기장

(1) 긴 직선 도선에 흐르는 전류가 만드는 자기장

그림 17.1과 같이 전류 $i$가 흐르는 무한히 긴 직선 도선을 중심으로 반지름이 $r$인 Ampere 고리에서 자기장의 크기 $B$는 고리 위의 모든 점에서 같다. 길이 요소 $\vec{ds}$의 방향을 그림과 같이 잡고 반시계 방향으로 적분하여 Ampere 법칙을 적용하면 $B(2\pi r) = \mu_0 i$ 를 얻는다. 즉, 다음과 같다.

$$B = \frac{\mu_0 i}{2\pi r} \tag{17.2}$$

$$\left( \text{유한 길이 } l \text{이 만드는 자기장 } B = \frac{\mu_0 i}{4\pi} \frac{l}{r\sqrt{r^2 + l^2/4}} \right)$$

(2) 원형 전류 고리가 만드는 자기장

그림 17.2는 전류 $i$가 흐르는 반지름 $R$인 원형 도선을 나타낸다. Biot-Savart 법칙과 오른손법칙에 의하면 $P$점에서 전류 요소 $i\vec{ds}$가 만드는 자기장 $d\vec{B}$는 $\vec{ds}$와 $\vec{r}$에 모두 수직하므로 지면과 같은 평면에 있고 그림과 같은 방향을 갖는다.

$d\vec{B}$를 중심축에 평행한 성분 $dB_{\parallel}$과 수직한 성분 $dB_{\perp}$로 나누면 고리의 모든 전류 요소에 대해 수직성분 $dB_{\perp}$의 합은 대칭성에 의해 0이 된다. 따라서 $P$점에서의 자기장은 축에 평행한 성분만 남는다. 그림 17.2의 $\vec{ds}$에 대해 Biot-Savart 법칙을 적용하면 자기장은

$$dB = \frac{\mu_0}{4\pi} \frac{ids \ \sin 90°}{r^2} \tag{17.3}$$

이며, $dB_{\parallel} = dB \cos\alpha$이므로

$$dB_{\parallel} = \frac{\mu_0 i \cos\alpha \ ds}{4\pi r^2} \tag{17.4}$$

이다. $r$과 $\alpha$를 $z$로 표현하여 식 (17.4)에 대입하면 $dB_{\parallel}$는

$$dB_{\parallel} = \frac{\mu_0 i R}{4\pi (R^2 + z^2)^{3/2}} ds \tag{17.5}$$

가 되며, $i$, $R$, $z$가 모든 $ds$에 대해 같은 값을 가지고 $\int ds = 2\pi R$이므로 적분하면 다음과 같이 된다.

$$B(z) = \frac{\mu_0 i R^2}{2(R^2 + z^2)^{3/2}} \tag{17.6}$$

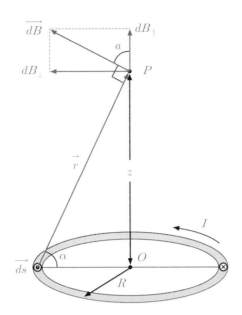

그림 17.2  반지름이 $R$인 원형 전류 고리로부터 $z$만큼 떨어진 위치에서의 자기장 계산

## (3) 솔레노이드의 자기장

매우 긴 이상적인 솔레노이드를 가정하면 자기장 $\vec{B}$는 솔레노이드 내부에서는 균일하고 외부에서는 0이다. 그림 17.3과 같이 Ampere 고리를 직사각형 $abcd$로 정하면 $\oint \vec{B} \cdot \vec{ds}$는 다음과 같이 네 구간에 대한 적분의 합으로 쓸 수 있다.

$$\oint \vec{B} \cdot \vec{ds} = \int_a^b \vec{B} \cdot \vec{ds} + \int_b^c \vec{B} \cdot \vec{ds} + \int_c^d \vec{B} \cdot \vec{ds} + \int_d^a \vec{B} \cdot \vec{ds} \qquad (17.7)$$

우변 첫 번째 적분의 결과는 $Bh$다. 두 번째와 네 번째의 적분은 $\vec{B}$가 $\vec{ds}$와 수직하거나 0이 되므로 적분값은 0이며 외부 자기장이 0이므로 세 번째의 적분 역시 0이다. 따라서 전체 직사각형 고리에 대한 적분 $\oint \vec{B} \cdot \vec{ds}$의 값은 $Bh$다.

솔레노이드의 단위 길이당 감은 횟수를 $n$이라고 하면 Ampere 고리 안의 전류 고리 개수는 $nh$이므로 고리 안을 흐르는 알짜 전류는 $i_{enc} = i(nh)$이다. 따라서 Ampere 법칙으로부터 $Bh = \mu_0 \in h$, 즉

$$B = \mu_0 ni \qquad (17.8)$$

이다. 식 (17.8)은 매우 긴 이상적인 솔레노이드에 대해서 얻은 결과지만 실제 솔레노이드에서도 양 끝에 너무 가깝지 않은 내부 영역에서는 잘 적용된다.

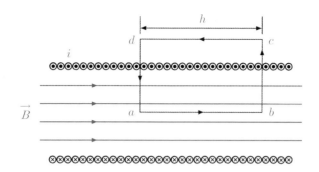

그림 17.3   솔레노이드 내부의 자기장

## 2) 탐지 코일을 이용한 교류 자기장의 측정

그림 17.4와 같이 각진동수 $\omega$로 시간에 따라 크기가 변하는 자기장 $B(t)$ 속에 자기장의 방향과 나란하게 탐지 코일(probe coil)이 놓여 있다고 하면 탐지 코일을 지나는 자기다발 $\varPhi_B(t)$의 크기는 $\varPhi_B(t) = N_pA_pB(t) = N_pA_pB_0\sin\omega t$가 된다. 여기서, $N_p$와 $A_p$는 각각 탐지 코일의 감긴 횟수와 코일의 단면적을 나타내며, 탐지 코일에 유도되는 기전력 $\mathcal{E}(t)$는 Faraday 법칙에 따라 다음과 같이 된다.

$$\mathcal{E}(t) = -\frac{d\varPhi_B(t)}{dt} = -\frac{d}{dt}(N_pA_pB_0\sin\omega t) = -\omega N_pA_pB_0\cos\omega t \tag{17.9}$$

따라서 유도 기전력의 진폭 $\mathcal{E}_0$는 $\mathcal{E}_0 = \omega N_pA_pB_0$ 가 되고, 이를 자기장에 대해 다시 고쳐 표현하면 다음처럼 된다.

$$B_0 = \frac{\mathcal{E}_0}{\omega N_PA_P} \tag{17.10}$$

한편 유도 기전력의 실효값을 $\mathcal{E}_{ac}$라고 하면, 알고자 하는 교류 자기장의 실효값 $B_{ac}$는 다음과 같이 된다.

$$B_{ac} = \frac{\mathcal{E}_{ac}}{\omega N_PA_P} \tag{17.11}$$

따라서 탐지 코일에 유도되는 유도 기전력을 측정하면 교류 자기장을 계산할 수 있다.

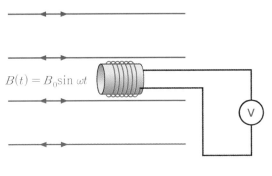

$$B(t) = B_0 \sin \omega t$$

그림 17.4  유도 기전력 측정

## 3. 실험 기구 및 재료

탐지 코일, 탐지 코일 이동 장치, 원형 전류 고리, 직선 전류 고리, 솔레노이드 코일, 교류 전원 장치, 멀티미터 1대, 자

## 4. 실험 방법

### 1) 직선 전류에 의한 자기장

① 그림 17.5와 같이 장치를 하고 자기장을 측정할 수 있도록 탐지 코일의 위치와 방향을 맞춘다.

② 교류 전원 장치의 진동수를 500 Hz에 맞춘다.

③ 탐지 코일의 바깥지름 및 안지름을 측정하여 평균 단면적을 계산한다(평균 반지름 = (바깥지름 + 안지름)/4, 탐지 코일의 감은 횟수 $N_p = 6,000$).

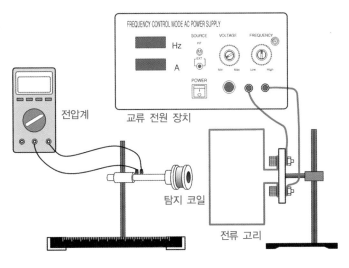

그림 17.5  실험 장치

④ 탐지 코일을 직선 전류 고리의 수직 도선과 최대한 가까이 하고 탐지 코일의 중심축과 수직 도선이 서로 직각이 되도록 위치를 조정한다.

⑤ 전류를 0.5 A씩 최대 2.5 A까지 올리면서 유도 기전력을 측정하고 자기장을 계산하여 전류와 자기장의 그래프를 그린다.

⑥ 전류를 2.0 A로 고정하고 수직 도선과 탐지 코일 중심축의 거리($r$)를 10 mm씩 증가시키면서 유도 기전력의 변화를 측정하고 $1/r$과 자기장($B_{ac}$)의 그래프를 그린다.

## 2) 원형 전류 고리에 의한 자기장

① 직선 전류 고리를 원형 전류 고리로 바꾸고 자기장을 측정할 수 있도록 탐지 코일의 위치와 방향을 맞춘다.

② 탐지 코일을 원형 전류 고리의 중심에 놓고, 탐지 코일의 중심축과 전류 고리의 축이 일치하도록 위치를 조정한다.

③ 전류를 0.5 A씩 최대 2.5 A까지 올리면서 유도 기전력을 측정하고 자기장을 계산하여 전류와 자기장의 그래프를 그린다.

④ 전류를 2.0 A로 고정하고 탐지 코일과 전류 고리 중심의 거리($z$)를 10 mm씩 증가시키면서 유도 기전력의 변화를 측정한다. 그리고 $(R^2 + z^2)^{-3/2}$와 자기장($B_{ac}$)의 그래프를 그린다.

# 5. 질문 및 토의

도선에 직류 전류를 흘렸을 때 도선 주위의 자기장을 측정하는 방법을 알아보자.

# 데이터 시트

- 탐지 코일의 평균 반지름 =                    mm
- 탐지 코일의 평균 단면적($A_p$) =             mm$^2$
- 탐지 코일의 감은 횟수($N_p$) =               회

**실험 1**  **직선 전류에 의한 자기장**

(1) 전류를 증가시킬 때

   탐지 코일 축과 직선 도선의 거리 =        mm

| $I_{ac}$[A] | $\mathcal{E}_{ac}$[V] |
|:---:|:---:|
| 0 | |
| | |
| | |
| | |
| | |
| ... | ... |

(2) 탐지 코일과 전류고리의 거리를 증가시킬 때

   전류 = 2.0 A

| $r$[m] | $\mathcal{E}_{ac}$[V] |
|:---:|:---:|
| | |
| | |
| | |
| | |
| | |
| | |
| | |
| ... | ... |

**원형 전류에 의한 자기장**

전류 고리의 반지름($R$) =          mm

(1) 전류를 증가시킬 때

| $I_{ac}$[A] | $\mathcal{E}_{ac}$[V] |
|:---:|:---:|
| 0 | |
| | |
| | |
| | |
| | |
| ... | ... |

(2) 탐지 코일과 전류 고리의 거리를 증가시킬 때

| $z$[m] | $\mathcal{E}_{ac}$[V] |
|:---:|:---:|
| | |
| | |
| | |
| | |
| | |
| | |
| | |
| ... | ... |

# 실험 결과

**실험 1**　**직선 전류에 의한 자기장**

(1) 전류를 증가시킬 때

① 전류에 의한 자기장 구하기(이론값, 실험값)

| $I_{ac}$[A] | $B_{ac}$[T] | | |
|---|---|---|---|
| | 실험값 | 이론값 | 상대오차[%] |
| 0 | | | |
| | | | |
| | | | |
| | | | |
| | | | |
| … | … | … | … |

② $B_{ac} - I_{ac}$ 그래프

실험값과 이론값에 대한 그래프를 모두 그리고 실험값의 오차막대 범위에 이론값의 그래프가 포함되는지 확인한다.

(2) 탐지 코일과 전류 고리의 거리를 증가시킬 때

① 전류에 의한 자기장 구하기(이론값, 실험값)

| $r$[m] | $B_{ac}$[T] | | |
|---|---|---|---|
| | 실험값 | 이론값 | 상대오차[%] |
| 0 | | | |
| | | | |
| | | | |
| | | | |
| | | | |
| … | … | … | … |

② $B_{ac} - \dfrac{1}{r}$ 그래프

실험값과 이론값에 대한 그래프를 모두 그리고 실험값의 오차막대 범위에 이론값의 그래프가 포함되는지 확인한다.

‖ 유한 길이의 경우, $B_{ac} - \dfrac{1}{r\sqrt{r^2 + l^2/4}}$ 그래프로 그릴 것

**실험 2** | **원형 전류에 의한 자기장**

(1) 전류를 증가시킬 때

① 전류에 의한 자기장 구하기(이론값, 실험값)

| $I_{ac}$[A] | $B_{ac}$[T] | | |
|:---:|:---:|:---:|:---:|
| | 실험값 | 이론값 | 상대오차[%] |
| 0 | | | |
| | | | |
| | | | |
| | | | |
| | | | |
| … | … | … | … |

② $B_{ac}-I_{ac}$ 그래프

실험값과 이론값에 대한 그래프를 모두 그리고 실험값의 오차막대 범위에 이론값의 그래프가 포함되는지 확인한다.

(2) 탐지 코일과 전류 고리의 거리를 증가시킬 때

① 전류에 의한 자기장 구하기(이론값, 실험값)

| $z$[m] | $B_{ac}$[T] | | |
|:---:|:---:|:---:|:---:|
| | 실험값 | 이론값 | 상대오차[%] |
| 0 | | | |
| | | | |
| | | | |
| | | | |
| | | | |
| … | … | … | … |

② $B_{ac}-\dfrac{1}{(R^2+Z^2)^{\frac{3}{2}}}$ 그래프

실험값과 이론값에 대한 그래프를 모두 그리고 실험값의 오차막대 범위에 이론값의 그래프가 포함되는지 확인한다.

# CHAPTER 18

# 유도 기전력

## 1. 실험 목적

시간에 따라 크기가 변하는 자기 다발 속에 코일이 놓이면 기전력이 유도된다. 이 유도 기전력이 자기장의 크기, 코일의 단면적 및 코일의 감긴 횟수에 따라 어떻게 변하는지를 측정하여 Faraday 유도 법칙을 이해한다.

## 2. 실험 원리

매우 긴 이상적인 솔레노이드 내부의 자기장 $B$는 흐르는 전류 $i$와 단위 길이당 감긴 횟수 $n$에 비례한다.

$$B = \mu_0 n i \qquad (18.1)$$

여기서, $\mu_0$은 진공에서의 투자율이며 그 값은 $4\pi \times 10^{-7} \ \text{T} \cdot \text{m/A}$ 이다.

코일을 지나는 자기 다발 $\Phi$가 시간에 따라 변화할 때 코일에 유도 기전력이 발생한다. $N$을 코일의 감은 횟수라고 할 때 발생되는 유도 기전력 $\mathcal{E}$는 Faraday 유도 법칙에 따라 다음과 같이 주어진다.

$$\mathcal{E} = -\frac{d(N\Phi)}{dt} \qquad (18.2)$$

따라서 교류전류 $i = I\sin\omega t$가 흐르는 매우 긴 솔레노이드 내부에 또 다른 코일이 놓여 있다면 이 코일을 지나는 자기 다발 $\Phi_i$는 식 (18.1)로부터 $\Phi_i = BA_i = \mu_0 n i A_i$가 되고 코일에 유도되는 기전력 $\mathcal{E}_i$는 식 (18.2)로부터 다음 식이 된다.

$$\mathcal{E}_i = -\frac{d(N_i\Phi)}{dt} = -N_i A_i \frac{dB}{dt} = -\mu_0 \omega N_i A_i n I \cos\omega t \qquad (18.3)$$

이때 $N_i$는 코일의 감은 횟수, $A_i$는 코일의 단면적이다. 여기서 유도 기전력의 진폭을 $\mathcal{E}_{i0}$라고 하면

$$\mathcal{E}_{i0} = \mu_0 \omega N_i A_i n I \tag{18.4}$$

가 되므로 유도 기전력의 실효값 $\mathcal{E}_{iac}$은

$$\mathcal{E}_{iac} = \mu_0 \omega N_i A_i n I_{ac} \tag{18.5}$$

가 된다. 여기서 $I_{ac}$는 전류의 실효값이다.


## 3. 실험 기구 및 재료

멀티미터 2대, 외부 솔레노이드 코일 1개, 내부 솔레노이드 코일 5개, 함수발생기, 자


## 4. 실험 방법

아래 각 실험에서 측정한 유도 기전력을 이론적으로 예상되는 결과와 비교한다.

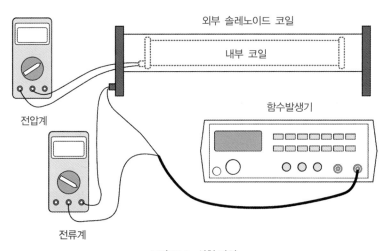

그림 18.1  실험 장치

① 함수발생기의 파형 선택 단추(WAVE)가 sine파형(∿)으로 설정되어 있는지 확인한 후 진동수를 100 Hz에 맞춘다.

② 외부 솔레노이드 코일의 지름과 길이를 측정한다.

③ 내부 코일 하나를 선택하여 코일의 지름, 코일의 길이를 측정한다.

④ 그림 18.1과 같이 장치를 연결한다(과정 ⑤를 거친 후, 코일을 외부 솔레노이드 코일에 넣는다).

⑤ 함수발생기의 진폭을 조정하여 외부 솔레노이드 코일의 전류(실효값)를 100 mA에 맞춘다.

⑥ 내부 코일을 외부 솔레노이드 코일에 천천히 넣는다. 이때 내부 코일의 깊이(내부 코일이 외부 솔레노이드 코일과 겹치는 길이, 그림 18.2)를 5 cm 간격으로, 내부 코일이 외부 솔레노이드 코일의 중심에 위치할 때까지 단계별로 증가시키며 유도 기전력을 측정한다(내부 코일의 표면이 외부 솔레노이드 코일에 닿아서 긁히지 않도록 조심한다).

⑦ 각 깊이에 대하여 5회씩 측정한다.

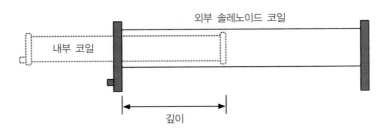

**그림 18.2  깊이에 따른 유도 기전력 측정**

이때 내부 코일의 깊이를 바꾸면서 유도 기전력을 측정한다.

실험 2        솔레노이드 코일의 전류와 유도 기전력

① 그림 18.1과 같이 장치를 연결하고 외부 솔레노이드 코일 내에 내부 코일을 밀어 넣는다.

② 외부 솔레노이드 코일의 전류를 0 mA부터 20 mA 간격으로 100 mA까지 바꾸면서 내부 코일의 유도 기전력을 측정한다.

③ 각 전류에 대하여 5회씩 측정한다.

실험 3        진동수와 유도 기전력

① 외부 솔레노이드 코일의 전류를 100 mA에 맞춘다.

② 함수발생기의 진동수를 100 Hz부터 100 Hz 간격으로 500 Hz까지 바꾸면서 내부 코일의 유도 기전력을 측정한다. 만약 진동수를 바꿀 때 전류가 변하면 다시 100 mA에 맞춘다.

---
**실험 4**      코일의 단면적과 유도 기전력
---

① 코일의 감긴 횟수는 같고 단면적이 서로 다른 3개의 내부 코일을 선택하고 각각의 코일 지름과 코일의 길이를 측정한다.
② 그림 18.1과 같이 장치를 연결하고 외부 솔레노이드 코일의 전류를 100 mA에 맞춘다.
③ 3개의 내부 코일을 번갈아 외부 솔레노이드에 넣고 유도 기전력을 측정한다.

---
**실험 5**      코일의 감긴 횟수와 유도 기전력
---

① 단면적은 같고 감긴 횟수가 서로 다른 3개의 내부 코일을 선택하고 각각의 코일 지름과 코일의 길이를 측정한다.
② 그림 18.1과 같이 장치를 연결하고 외부 솔레노이드 코일의 전류를 100 mA에 맞춘다.
③ 3개의 내부 코일을 번갈아 외부 솔레노이드에 넣고 유도 기전력을 측정한다.

# 5. 질문 및 토의

① 실험 1에서 깊이에 따라 유도 기전력이 변하는 것은 식 (18.5)에서 어떤 요소의 변화로 인한 것인가?
② 실험 3에서 진동수 변화에 따라 전류가 변하는 이유를 알아보자.

# 데이터 시트

진동수($f$) =

외부 솔레노이드 코일의 지름 =

외부 솔레노이드 코일의 단면적($A$) =

외부 솔레노이드 코일의 감은 횟수($N$) =

외부 솔레노이드 코일의 길이($L$) =

외부 솔레노이드 코일의 단위 길이당 감긴 횟수 =

**실험 1**   **내부 솔레노이드 코일의 깊이와 유도 기전력**

• 내부 코일의 지름 =

• 내부 코일의 단면적 =

• 내부 코일의 감긴 횟수 =

• 전류 $I_{ac}$ =

| 깊이[mm] | 횟수 | $\mathcal{E}_{iac}$[V] |
|---|---|---|
| 0 | 1 | |
| | 2 | |
| | 3 | |
| | 4 | |
| | 5 | |
| | 1 | |
| | 2 | |
| | 3 | |
| | 4 | |
| | 5 | |
| | 1 | |
| | 2 | |
| | 3 | |
| | 4 | |
| | 5 | |
| | 1 | |
| | 2 | |
| | 3 | |
| | 4 | |
| | 5 | |
| ... | ... | |

**실험 2**   **솔레노이드 코일의 전류와 유도 기전력**

- 내부 코일의 지름 =
- 내부 코일의 단면적 =
- 내부 코일의 감긴 횟수 =

| $I_{ac}$[mA] | 횟수 | $\mathcal{E}_{iac}$[V] |
|---|---|---|
| | 1 | |
| | 2 | |
| | 3 | |
| | 4 | |
| | 5 | |
| | 1 | |
| | 2 | |
| | 3 | |
| | 4 | |
| | 5 | |
| | 1 | |
| | 2 | |
| | 3 | |
| | 4 | |
| | 5 | |
| | 1 | |
| | 2 | |
| | 3 | |
| | 4 | |
| | 5 | |
| | 1 | |
| | 2 | |
| | 3 | |
| | 4 | |
| | 5 | |

**실험 3**  **진동수와 유도 기전력**

- 외부 솔레노이드 코일의 전류 =
- 내부 코일의 지름 =
- 내부 코일의 단면적 =
- 내부 코일의 감긴 횟수 =

| $f$[Hz] | 횟수 | $\mathcal{E}_{iac}$[V] |
|---|---|---|
| 100 | 1 | |
| | 2 | |
| | 3 | |
| | 4 | |
| | 5 | |
| 200 | 1 | |
| | 2 | |
| | 3 | |
| | 4 | |
| | 5 | |
| 300 | 1 | |
| | 2 | |
| | 3 | |
| | 4 | |
| | 5 | |
| 400 | 1 | |
| | 2 | |
| | 3 | |
| | 4 | |
| | 5 | |
| 500 | 1 | |
| | 2 | |
| | 3 | |
| | 4 | |
| | 5 | |

**코일의 단면적과 유도 기전력**

- 진동수($f$) =

- 외부 솔레노이드 코일의 전류 =

- 내부 코일의 감긴 횟수 =

| 지름[mm] | 단면적[mm$^2$] | 횟수 | $\mathcal{E}_{iac}$[V] |
|---|---|---|---|
| | | 1 | |
| | | 2 | |
| | | 3 | |
| | | 4 | |
| | | 5 | |
| | | 1 | |
| | | 2 | |
| | | 3 | |
| | | 4 | |
| | | 5 | |
| | | 1 | |
| | | 2 | |
| | | 3 | |
| | | 4 | |
| | | 5 | |

**실험 5**　**코일의 감긴 횟수와 유도 기전력**

- 진동수($f$) =
- 외부 솔레노이드 코일의 전류 =
- 내부 코일의 지름 =
- 내부 코일의 단면적 =

| 내부 코일의 감긴 횟수[회] | 횟수 | $\mathcal{E}_{iac}$[V] |
|---|---|---|
| | 1 | |
| | 2 | |
| | 3 | |
| | 4 | |
| | 5 | |
| | 1 | |
| | 2 | |
| | 3 | |
| | 4 | |
| | 5 | |
| | 1 | |
| | 2 | |
| | 3 | |
| | 4 | |
| | 5 | |

# 실험 결과

**실험 1**  내부 솔레노이드 코일의 깊이와 유도 기전력

| 깊이[mm] | $\mathcal{E}_{iac}$ | | | | | 이론값[V] | 상대오차[%] |
| --- | --- | --- | --- | --- | --- | --- | --- |
| | 평균값[V] | 불확도 | | | | | |
| | | A형 불확도 (표준오차) | B형 불확도 (분해능 등) | 합성 표준 불확도[%] | 상대 불확도 | | |
| 0 | | | | | | | |
| | | | | | | | |
| | | | | | | | |
| | | | | | | | |
| ... | | | | | | | |

**실험 2**  솔레노이드 코일의 전류와 유도 기전력

| $I_{ac}$[mA] | $\mathcal{E}_{iac}$ | | | | | 이론값[V] | 상대오차[%] |
| --- | --- | --- | --- | --- | --- | --- | --- |
| | 평균값[V] | 불확도 | | | | | |
| | | A형 불확도 (표준오차) | B형 불확도 (분해능 등) | 합성 표준 불확도[%] | 상대 불확도 | | |
| 0 | | | | | | | |
| | | | | | | | |
| | | | | | | | |
| | | | | | | | |
| ... | | | | | | | |

**실험 3**　진동수와 유도 기전력

| $f$[Hz] | $\varepsilon_{iac}$ | | | | | | |
|---|---|---|---|---|---|---|---|
| | 평균값[V] | 불확도 | | | | 이론값[V] | 상대오차[%] |
| | | A형 불확도 (표준오차) | B형 불확도 (분해능 등) | 합성 표준 불확도[%] | 상대 불확도 | | |
| 100 | | | | | | | |
| 200 | | | | | | | |
| 300 | | | | | | | |
| 400 | | | | | | | |
| 500 | | | | | | | |

**실험 4**　코일의 단면적과 유도 기전력

| 단면적 [mm²] | $\varepsilon_{iac}$ | | | | | | |
|---|---|---|---|---|---|---|---|
| | 평균값[V] | 불확도 | | | | 이론값[V] | 상대오차[%] |
| | | A형 불확도 (표준오차) | B형 불확도 (분해능 등) | 합성 표준 불확도[%] | 상대 불확도 | | |
| | | | | | | | |
| | | | | | | | |
| | | | | | | | |

**실험 5**　코일의 감긴 횟수와 유도 기전력

| 감긴 횟수 [회] | $\varepsilon_{iac}$ | | | | | | |
|---|---|---|---|---|---|---|---|
| | 평균값[V] | 불확도 | | | | 이론값[V] | 상대오차[%] |
| | | A형 불확도 (표준오차) | B형 불확도 (분해능 등) | 합성 표준 불확도[%] | 상대 불확도 | | |
| | | | | | | | |
| | | | | | | | |
| | | | | | | | |

# CHAPTER 19

# 교류회로

## 1. 실험 목적

저항 및 축전기(capacitor)의 직류 및 교류 특성(전류의 전압 및 진동수 의존성)을 알아본 후 직렬 $R-C$ 회로를 구성하여 이 회로의 교류 특성에 대해 알아본다.

## 2. 실험 원리

전압과 전류는 직류회로에서 시간에 따라 변화하지 않고 일정하지만 교류회로에서는 시간에 대한 함수다. 회로에 교류기전력 $\mathcal{E}$ 를 인가하였을 때 기전력과 전류 $i$ 를 다음과 같이 표현할 수 있다.

$$\mathcal{E}(t) = \mathcal{E}_m \sin\omega t \tag{19.1}$$

$$i(t) = I \sin(\omega t - \phi) \tag{19.2}$$

여기서, $\mathcal{E}_m$ 과 $I$ 는 각각 기전력과 전류의 진폭(최댓값)이며, $\omega$ 는 $2\pi/T$ 또는 $2\pi f$ 로 표시되는 각진동수다. 그리고 $f$ 는 진동수로서 Hz 또는 $s^{-1}$ 로 나타내며, $\phi$ 는 위상 상수, 즉 전압 $v$ 에 대한 전류 $i$ 의 위상차를 나타낸다.

그림 19.1과 같이 교류기전력 $\mathcal{E}$ 를 저항 $R$ 과 전기용량이 $C$ 인 축전 기와의 직렬회로에 가하는 경우를 생각해보자. 이 회로에서 $R$, $C$ 각 각에 걸리는 전압 $v_R$, $v_C$ 는 다음과 같다.

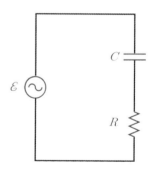

**그림 19.1** $R-C$ 회로

$$v_R = iR \tag{19.3}$$

$$v_C = \frac{q}{C} = \frac{1}{C}\int i\,dt \tag{19.4}$$

임의의 시간에 회로의 각 요소에 걸리는 전압의 합은 다음과 같이 교류기전력 $\mathcal{E}$ 와 같으며

$$\begin{aligned}\mathcal{E} &= v_R + v_C \\ &= iR + \frac{1}{C}\int i\,dt\end{aligned}$$

(19.5)

이 된다. 한편, 식 (19.2)를 식 (19.3), (19.4)에 대입하면

$$v_R(t) = RI\sin(\omega t - \phi)$$

(19.6)

$$\begin{aligned}v_C(t) &= -\frac{1}{\omega C}I\cos(\omega t - \phi) \\ &= \frac{1}{\omega C}I\sin\left(\omega t - \phi - \frac{\pi}{2}\right)\end{aligned}$$

(19.7)

로 주어진다. 여기서, $v_C$는 $v_R$에 대해 $-\pi/2$의 위상차가 나는 것을 알 수 있으며, 각 요소의 전압의 진폭을 $V_R$, $V_C$이라 하면 다음과 같이 나타낼 수 있다.

$$V_R = RI$$

(19.8)

$$V_C = \frac{I}{\omega C}$$

(19.9)

이들의 진폭을 벡터 도형법으로 나타내면 그림 19.2와 같이 되며, 이로부터 회로에 걸리는 총교류전압의 진폭은 다음과 같다.

$$\mathcal{E}_m = \sqrt{V_R^2 + V_C^2}$$

(19.10)

식 (19.9)에서 $\dfrac{1}{\omega C}$를 용량성 리액턴스(capacitive reactance)라 하며 $X_C$로 나타낸다. 즉,

$$X_C = \frac{1}{\omega C} = \frac{1}{2\pi f C}$$

(19.11)

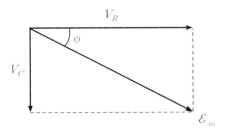

**그림 19.2  각 전압 요소들의 진폭과 위상관계**

여기서, 전기용량 $C$는 F(Farad)로 단위를 표시하며 $X_C$는 저항 $R$과 같은 $\Omega$ (ohm)의 단위를 갖는다.

식 (19.8) ~ (19.10)으로부터 $R-C$ 교류회로에서 전압과 전류의 관계는 다음과 같다.

$$\mathcal{E}_m = I\sqrt{R^2 + \left(\frac{1}{\omega C}\right)^2}$$

(19.12)

여기서, 임피던스 $Z$를 도입하여 $\mathcal{E}_m = IZ$로 표현하면 다음과 같이 된다.

$$\begin{aligned} Z &= \frac{\mathcal{E}_m}{I} \\ &= \frac{\mathcal{E}_{ac}}{I_{ac}} \\ &= \sqrt{R^2 + \left(\frac{1}{\omega C}\right)^2} \end{aligned}$$

(19.13)

그리고 위상상수 $\phi$는 다음처럼 된다.

$$\begin{aligned} \phi &= \tan^{-1}\left(\frac{-V_C}{V_R}\right) \\ &= \tan^{-1}\left(-\frac{1}{\omega RC}\right) \end{aligned}$$

(19.14)

## 3. 실험 기구 및 재료

멀티미터 2대, 함수발생기, 직류 전원 장치, 오실로스코프, 저항(500 $\Omega$ 이상), 축전기(5 $\mu$F 이하), 브레드보드, 전선, 초시계

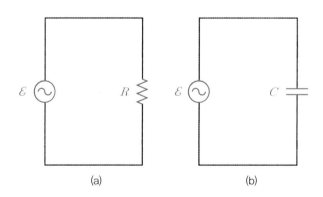

그림 19.3  저항과 축전기의 교류 특성을 알아보기 위한 회로도

# 4. 실험 방법

각각의 회로를 구성하기 전에 전원 장치의 전압을 0으로 설정하고, 회로를 연결한 후 전압을 조정한다. 실험을 하기 전 부록의 멀티미터 사용 시 유의사항을 충분히 읽고 숙지한다. 특히 실험에 사용되는 멀티미터의 측정 가능한 진동수 범위가 우리가 실험하는 진동수를 포함하는지 확인해야 한다.

---

**실험 1**    $R$ 회로

---

① 함수발생기를 사용하여 그림 19.3(a)와 같이 회로를 연결한다.
② 함수발생기의 파형 선택 단추(WAVE)가 sine파형(∿)으로 설정되어 있는지 확인한다.

**1 진동수 일정 및 전압 증가**
① 진동수를 100 Hz에 설정하고 전압 $\mathcal{E}$를 0 V부터 5 V까지 1 V 간격으로 바꾸면서 회로의 전류를 측정한다.
② 전류와 전압의 관계 그래프($I-V$ 그래프)를 그리고 기울기를 구한다.

**2 진동수 증가 및 전압 일정**
① 전압을 5 V로 유지하고 진동수를 100 Hz부터 500 Hz까지 100 Hz 간격으로 바꾸면서 전류를 측정한다.
② 진동수와 전류의 관계 그래프($I-f$ 그래프)를 그리고 기울기를 구한다.

**3 전압과 전류의 위상**
① 함수발생기의 진동수를 0.1 Hz로 설정하고 전압을 5 V로 설정한다.
② 초시계를 사용하여 2 ~ 3주기 동안의 시간에 따른 전류와 전압의 변화를 영상으로 촬영하여 기록한다.
③ 전압과 전류의 위상 차이를 구한다.

---

**실험 2**    $C$ 회로

---

① 함수발생기를 사용하여 그림 19.3(a)와 같이 회로를 연결한다.
② 함수발생기의 파형 선택 단추(WAVE)가 sine파형(∿)으로 설정되어 있는지 확인한다.

**1 진동수 일정 및 전압 증가**
① 진동수를 100 Hz에 설정하고 전압 $\mathcal{E}$를 0 V부터 5 V까지 1 V 간격으로 바꾸면서 회로의 전류를

측정한다.

② 전류와 전압의 관계 그래프($I-V$ 그래프)를 그리고 기울기를 구한다.

**2 진동수 증가 및 전압 일정**

① 전압을 5 V로 유지하고 진동수를 100 Hz부터 500 Hz까지 100 Hz 간격으로 바꾸면서 전류를 측정한다.

② 진동수와 전류의 관계 그래프($I-f$ 그래프)를 그리고 기울기를 구한다.

**3 전압과 전류의 위상**

① 함수발생기의 진동수를 0.1 Hz로 설정하고 전압을 5 V 이상으로 설정한다.

② 초시계를 사용하여 2~3주기 동안의 시간에 따른 전류와 전압의 변화를 영상으로 촬영하여 기록한다.

③ 전압과 전류의 위상 차이를 구한다.

‖ 위상차를 측정할 때는 전류가 작으므로 전압을 충분히 증가시킨다.

---

**실험 3**        $R-C$ 회로

함수발생기를 사용하여 그림 19.1과 같이 회로를 연결한다.

**1 진동수 일정 및 전압 증가**

① 진동수를 100 Hz에 설정하고 전압 $\mathcal{E}$를 0 V부터 5 V까지 1 V 간격으로 바꾸면서 회로의 전류를 측정한다.

② 전류와 전압의 관계 그래프($I-V$ 그래프)를 그리고 기울기를 구한다.

**2 $R$과 $C$ 양단에 걸리는 전압($V_{ac}$)과 각 $R$, $C$ 양단에 걸리는 전압($V_R$, $V_C$)의 위상**

① 그림 19.4와 같이 오실로스코프와 함수발생기를 회로에 연결한다. 연결할 때 함수발생기의 검은색 클립은 오실로스코프의 접지 클립과 연결되도록 해야 한다.

② 전압을 5 V로 유지하고 진동수를 100 Hz부터 500 Hz까지 100 Hz 간격으로 바꾸면서 저항과 축전기 전체에 걸리는 전압 $V_{RC}$와 저항, 축전기 양단의 전압 $V_R$, $V_C$의 위상 차이를 오실로스코프로부터 읽고 식 (19.14)로부터 계산한 위상 상수와 비교한다.

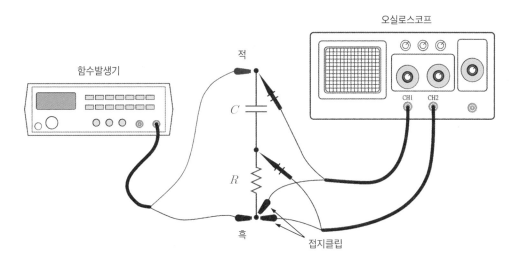

**그림 19.4 오실로스코프를 사용한 위상차 관측법**

함수발생기와 오실로스코프 입출력선 연결 방향에 유의해야 한다.

## 5. 질문 및 토의

① $R-C$ 회로에서 멀티미터로 측정하여 구한 $V_R$, $V_C$ 값의 합이 가해준 전압 $\mathcal{E}_m$와 같은가?

　 같지 않으면 이유는 무엇인가?

② 리액턴스와 임피던스의 의미를 Ohm의 법칙과 비교하여 설명해보자.

③ 그림 19.4에서 입출력선을 연결할 때 특히 유의해야 하는 이유를 알아보자.

# 데이터 시트

---

**실험 1**  $R$ 회로

(1) 진동수 일정 및 전압 증가

$R =$                                    $f =$

| $\mathcal{E}_{ac}$[V] | $I_{ac}$[A] |
|---|---|
| 0 | |
| | |
| | |
| | |
| | |
| | |

(2) 진동수 증가 및 전압 일정

$R =$                                    $\mathcal{E}_{ac} =$

| $f$[Hz] | $I_{ac}$[A] |
|---|---|
| 0 | |
| 100 | |
| 200 | |
| 300 | |
| 400 | |
| 500 | |

(3) 전압과 전류의 위상

$R =$                                    $\mathcal{E}_{ac} =$

$f =$

| $t$[s] | $I_{ac}$[A] | $\mathcal{E}_{ac}$[V] | $t$[s] | $I_{ac}$[A] | $\mathcal{E}_{ac}$[V] |
|---|---|---|---|---|---|
| | | | | | |
| | | | | | |
| | | | | | |
| | | | | | |
| | | | | | |
| | | | | | |
| … | … | … | … | … | … |

**실험 2**  $C$ 회로

(1) 진동수 일정 및 전압 증가

$R =$                                          $f =$

| $\mathcal{E}_{ac}[V]$ | $I_{ac}[A]$ |
|---|---|
| 0 | |
| | |
| | |
| | |
| | |
| | |

(2) 진동수 증가 및 전압 일정

$R =$                                          $\mathcal{E}_{ac} =$

| $f[Hz]$ | $I_{ac}[A]$ |
|---|---|
| 0 | |
| 100 | |
| 200 | |
| 300 | |
| 400 | |
| 500 | |

(3) 전압과 전류의 위상

$R =$                                          $\mathcal{E}_{ac} =$

$f =$

| $t[s]$ | $I_{ac}[A]$ | $\mathcal{E}_{ac}[V]$ | $t[s]$ | $I_{ac}[A]$ | $\mathcal{E}_{ac}[V]$ |
|---|---|---|---|---|---|
| | | | | | |
| | | | | | |
| | | | | | |
| | | | | | |
| | | | | | |
| | | | | | |
| ... | ... | ... | ... | ... | ... |

**실험 3**   $R-C$ 회로

(1) 진동수 일정 및 전압 증가

$R=$                                    $f=$

| $\mathcal{E}_{ac}$[V] | $I_{ac}$[A] |
|---|---|
| 0 | |
| | |
| | |
| | |
| | |
| | |

(2) 위상차

$R=$                                    $\mathcal{E}_{ac}=$

| | $f$[Hz] | TIME/DIV [μs 또는 ms] | 위상차의 칸 수 | $\phi$[˚] |
|---|---|---|---|---|
| $V_{RC}$와 $V_R$ | 100 | | | |
| | 200 | | | |
| | 300 | | | |
| | 400 | | | |
| | 500 | | | |
| $V_{RC}$와 $V_C$ | 100 | | | |
| | 200 | | | |
| | 300 | | | |
| | 400 | | | |
| | 500 | | | |

**실험 1**

$R$ 회로

(1) 진동수 일정 및 전압 증가

• $I-V$ 그래프

| 그래프로부터 구한 기울기 ($R$의 실험값)[Ω] | |
|---|---|
| $R$의 이론값 | |
| 상대오차[%] | |
| 그래프의 불확도[Ω] | |
| 상대 불확도[%] | |
| $R$(대푯값±불확도) | |

‖ 오차의 전파를 통한 저항($R$)의 불확도

$$\delta R = \sqrt{\left(\frac{\partial R}{\partial b}\delta b\right)^2} = \frac{1}{b^2}\delta b$$

(2) 진동수 증가 및 전압 일정

• $I-f$ 그래프

(3) 전압과 전류의 위상

• $V-t, I-t$ 그래프

• 전압과 전류의 위상

| 위상차 실험값[°] | |
|---|---|
| 위상차 이론값[°] | |
| 상대오차[%] | |

**실험 2**

C 회로

(1) 진동수 일정 및 전압 증가

• $I-V$ 그래프

| 그래프에서 구한 기울기 ($R$의 실험값)[Ω] | |
|---|---|
| $X_C$의 이론값 | |
| 상대오차[%] | |
| 그래프의 불확도[Ω] | |
| 상대 불확도[%] | |
| $X_C$(대푯값±불확도) | |

‖ 오차의 전파를 통한 용량 리액턴스($X_C$)의 불확도

$$\delta X_C = \sqrt{\left(\frac{\partial X_C}{\partial b}\delta b\right)^2} = \frac{1}{b^2}\delta b$$

(2) 진동수 증가 및 전압 일정

• $I-f$ 그래프

| 그래프에서 구한 기울기 ($C$의 실험값)[F] | |
|---|---|
| $C$의 이론값 | |
| 상대오차[%] | |
| 그래프의 불확도[F] | |
| 상대 불확도[%] | |
| $C$(대푯값±불확도) | |

‖ 오차의 전파를 통한 전기용량($C$)의 불확도

$$\delta C = \sqrt{\left(\frac{\partial C}{\partial b}\delta b\right)^2} = \frac{1}{2\pi V}\delta b$$

(3) 전압과 전류의 위상

• $V-t$, $I-t$ 그래프
• 전압과 전류의 위상

| 위상차 실험값[˚] | |
|---|---|
| 위상차 이론값[˚] | |
| 상대오차[%] | |

$R-C$ 회로

## (1) 진동수 일정 및 전압 증가

- $I-V$ 그래프

| | |
|---|---|
| 그래프에서 구한 기울기<br>($Z$의 실험값)[Ω] | |
| $Z$의 이론값 | |
| 상대오차[%] | |
| 그래프의 불확도[Ω] | |
| 상대 불확도[%] | |
| $Z$(대푯값±불확도) | |

‖ 오차의 전파를 통한 임피던스($Z$)의 불확도

$$\delta Z = \sqrt{\left(\frac{\partial Z}{\partial b}\delta b\right)^2} = \frac{1}{b^2}\delta b$$

## (2) 위상차

| | $f$[Hz] | $\phi$ | | |
|---|---|---|---|---|
| | | 실험값[˚] | 이론값[˚] | 상대오차[%] |
| | 100 | | | |
| | 200 | | | |
| $V_{RC}$와 $V_R$ | 300 | | | |
| | 400 | | | |
| | 500 | | | |
| | 100 | | | |
| | 200 | | | |
| $V_{RC}$와 $V_C$ | 300 | | | |
| | 400 | | | |
| | 500 | | | |

# CHAPTER 20

# 슬릿에 의한 빛의 간섭과 회절

## 1. 실험 목적

단일 슬릿과 이중 슬릿에 의한 레이저 빛의 회절 및 간섭무늬를 관측한다. 이로부터 슬릿의 간격과 폭을 측정하고 빛의 간섭과 회절을 이해한다.

## 2. 실험 원리

### 1) 레이저

레이저(Laser)는 빛의 세기와 가간섭성(결맞음)이 크고 단색성과 평행성이 좋아서 빛의 간섭 및 회절(에돌이)의 실험에 적합하다. 가시광을 발생시키는 레이저로 실험실에서 많이 사용되는 것은 He-Ne 레이저(적색, 파장 632.8 nm)지만 최근에는 반도체 레이저를 많이 사용한다. 이 실험에는 반도체 레이저인 다이오드(diode) 레이저(파장 650 nm)를 사용한다.

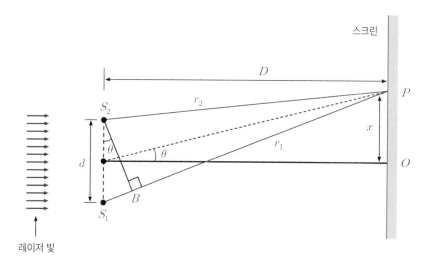

**그림 20.1 빛의 간섭과 회절**

이중 슬릿에 레이저 빛을 수직하게 비추면 두 슬릿에서 나오는 두 광선이
거리 $D$만큼 떨어져 위치한 스크린 위의 $P$점에서 중첩되며 간섭이 일어난다.

## 2) 간섭

2개 이상의 파동(빛)이 같은 시각과 같은 공간에 만날 때 간섭이 일어난다. 그림 20.1에서 보인 것처럼 슬릿 사이 간격이 $d$인 이중 슬릿(동일한 두 개의 평행한 슬릿)에 레이저 빛을 수직으로 비추면 슬릿 $S_1$과 $S_2$에서 나오는 두 광선이 이중 슬릿으로부터 $D$만큼 떨어진 스크린 위의 $P$점에서 중첩이 된다. $\theta$가 작다고 보면 두 빛의 광로차 $\Delta (= r_1 - r_2)$는 다음처럼 주어진다.

$$\Delta \simeq d \sin\theta \qquad (20.1)$$

위의 식 (20.1)에 의하면 광로차 $\Delta$가 파장 $\lambda$의 정수배 혹은 반정수배가 될 때 두 광선은 보강 혹은 소멸 간섭을 하게 되어 다음의 조건에 따라 간섭무늬가 나타난다.

$$d \sin\theta = n\lambda, \ n = 0, \ \pm 1, \ \pm 2 \ \cdots \ \text{(밝은 무늬 - 보강 간섭)} \qquad (20.2)$$

$$d \sin\theta = \left(n + \frac{1}{2}\right)\lambda, \ n = 0, \ \pm 1, \ \pm 2 \ \cdots \ \text{(어두운 무늬 - 소멸 간섭)} \qquad (20.3)$$

따라서 스크린 위의 가장 밝은 부분 $(n = 0)$과 $n$번째 밝은 무늬 사이의 거리를 $x$라고 하면 각 $\theta$가 작을 때는 $\sin\theta \simeq \tan\theta$이고 $\tan\theta = \dfrac{x}{D}$이므로, 다음과 같이 나타낼 수 있다.

$$d = \frac{D}{x}n\lambda \qquad (20.4)$$

그러므로 $D$와 $x$를 측정함으로써 슬릿 간격 $d$를 구할 수 있다.

## 3) 단일 슬릿에 의한 회절

회절은 파동이 장애물에 의해 변형되는 파동의 특성을 나타내는 현상이다. 이런 현상은 장애물 혹은 슬릿의 크기가 파의 파장에 가까워질수록 더욱 뚜렷이 나타나게 된다. 그림 20.1에서 이중 슬릿을 단일 슬릿으로 바꾼 상황을 생각하자. 그림 20.2에서 보인 것처럼 폭이 $a$인 단일 슬릿에 레이저 빛을 수직으로 비추면 슬릿 폭 안의 모든 점이 광원으로 작용하여 이 광원들에 의한 간섭의 결과로 거리 $D$만큼 떨어져 있는 스크린 위에 회절무늬가 생긴다. 이 회절무늬에 대한 완전한 수학적인 분석은 매우 어려워서 여기서는 소멸 간섭으로 인하여 스크린 위에서 어두운 무늬가 생기는 조건만을 찾아보는 것으로 한다. 그림 20.2(a)에서 슬릿 사이를 통과하는 수많은 광원들 중 거리가 $a/2$만큼 떨어진 1, 3번 두 광원에 주목하자. 두 광선의 경로차 $\Delta (= r_1 - r_3)$가 빛의 반파장이 되도록 $\theta$가 정해졌다면 두 광선은 스크린 위의 점 $P$에서 소멸 간섭될 것이다. 슬릿 사이의 모든 광선은 거리가 $a/2$인 두 개의 광선들로 짝을 지을 수가 있으므로 1, 3번 두 광선이 소멸 간섭하는 각도 $\theta$에서는 모든 광선이

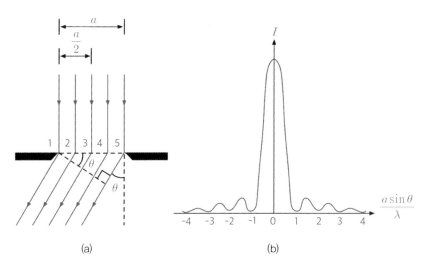

그림 20.2  단일 슬릿에서의 빛의 경로와 빛의 세기

폭이 $a$인 단일 슬릿을 통과한 레이저 빛은 스크린에
(b)와 같은 세기의 분포를 가진 회절무늬를 만든다.

소멸 간섭하여 어두운 무늬가 스크린 위에 나타나게 되는 것이다. 두 광선의 경로차 $\Delta$는 스크린까지의 거리가 슬릿 폭에 비하여 아주 멀 때 다음과 같이 된다.

$$\Delta = \frac{a}{2} \sin\theta \tag{20.5}$$

따라서 경로차가 반파장일 때 어두운 무늬가 나타날 조건은 다음처럼 된다.

$$\frac{a}{2} \sin\theta = \frac{\lambda}{2}$$

이로써 다음 관계식을 얻게 된다.

$$a \sin\theta = \lambda \tag{20.6}$$

또한 두 광선 사이의 거리가 $a/4$인 두 광선들로 짝을 지을 때도 위와 같은 방식으로 소멸 간섭의 조건을 찾을 수가 있으며, 이때 어두운 무늬가 스크린에 나타날 조건은 다음과 같이 된다.

$$\frac{a}{4} \sin\theta = \frac{\lambda}{2}$$

그리고 이에 따라 다음 결과를 얻는다.

$$a \sin\theta = 2\lambda \tag{20.7}$$

이처럼 두 광선 사이의 거리를 $a/6$, $a/8$, $a/10\cdots$ 등에 대하여 확장해 가면 소멸 간섭이 일어나는 모든 조건을 알 수 있게 된다. 그 결과 스크린 위에서 어두운 무늬가 나타나는 일반적인 조건은 다음이 되는 것을 알 수 있다.

$$a \, \sin\theta = n\lambda, \ n = \pm 1, \ \pm 2, \ \pm 3 \ \cdots \ (\text{어두운 무늬}) \tag{20.8}$$

$\theta$가 아주 작은 경우 $\sin\theta \simeq \theta \simeq \dfrac{x'}{D}$이므로 $D$와 $x'$을 측정함으로써 슬릿 폭 $a$를 구할 수 있다. 여기서, $x'$은 무늬의 중심(가장 밝은 부분)으로부터 어두운 무늬까지의 거리를 나타낸다.

## 4) 이중 슬릿에 의한 회절과 간섭

그림 20.3은 폭이 $a$이고 거리 $d$만큼 떨어져 있는 두 슬릿에 레이저 빛을 수직으로 비추었을 때 각각의 슬릿으로부터 회절되어 퍼져나가는 파동 중 각 $\theta$의 방향으로 진행되는 파동을 나타내고 있다. 스크린에서 관측되는 무늬는 이 두 슬릿의 회절파가 간섭한 결과다. 즉, 이중 슬릿은 두 개의 단일 슬릿으로 구성되어 있으므로 각각의 단일 슬릿에서 나오는 두 회절파가 두 슬릿 사이의 거리만큼 가까이 접근하여 서로 간섭하여 스크린에 나타나는 것이다. 간섭무늬의 조건을 보면, 식 (20.2)에 의해

$$\sin\theta = \frac{n\lambda}{d}, \ n = 0, \ \pm 1, \ \pm 2, \ \pm 3 \ \cdots \tag{20.9}$$

로 주어지는 $\theta$ 방향에서 극대값(밝은 무늬)이 된다. 회절무늬에서 어두운 무늬(세기가 0)가 나타나는 조건은 (20.7)로부터 다음 식으로 주어진다.

$$\sin\theta = \frac{n'\lambda}{a}, \ n' = \pm 1, \ \pm 2, \ \pm 3 \ \cdots \tag{20.10}$$

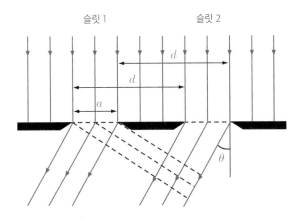

**그림 20.3  이중 슬릿에서의 빛의 간섭**

두 슬릿에 레이저 빛을 수직으로 비추었을 때 각각의
슬릿으로부터 각 $\theta$의 방향으로 진행되는 파동을 나타내고 있다.

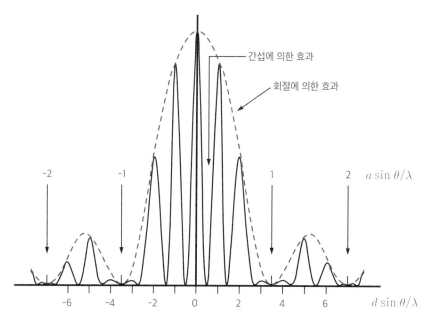

間섭에 의한 효과

회절에 의한 효과

$-2$　　$-1$　　　　　　　　　$1$　　　　　$2$　$a\sin\theta/\lambda$

$-6$　$-4$　$-2$　$0$　$2$　$4$　$6$　$d\sin\theta/\lambda$

**그림 20.4　이중 슬릿에 의한 무늬의 세기 분포**

실선은 실제로 스크린에 보이는 무늬의 세기를 나타내고 있다. 조밀한 무늬의 명암 위치는 간섭조건에 따르지만, 전체적인 세기 변화는 점선과 같이 단일 슬릿의 회절무늬 세기 분포를 따르는 것을 볼 수 있다.

슬릿 간격 $d$가 슬릿 폭 $a$보다 크기 때문에, 회절무늬 세기가 0이 되는 점들 사이의 간격은 간섭무늬의 경우보다 넓다. 따라서 이중 슬릿의 밝은 무늬는 단일슬릿에 의해서 만들어진 것보다 더 조밀하게 배열된다. 그 결과로 얻어지는 무늬의 세기 분포는 그림 20.4와 같다. 그림에서 보는 바와 같이 간섭무늬의 세기 분포는 단일 슬릿에 의한 회절무늬의 세기 분포에 의해서 변조가 된다. 즉, 조밀한 무늬의 명암 위치는 간섭조건에 따르지만, 전체적인 세기 변화는 단일 슬릿의 회절무늬 세기 분포를 따르는 것이다.

## 3. 실험 기구 및 재료

광학대, 레이저, 단일 슬릿, 이중 슬릿, 자, 줄자, 종이

## 4. 실험 방법

① 그림 20.5와 같이 광학대 위에 레이저, 슬릿, 스크린을 장치한다.
② 슬릿과 스크린의 간격 $D$를 가능한 한 길게 하고 길이를 측정한다.

유의사항 : 슬릿의 면에 지문이 찍히지 않도록 주의한다.

간섭 또는 회절무늬의 간격을 스크린 위에서 직접 측정하지 말고 스크린 위에 흰 종이나 모눈종이를 붙이고 그 위에 무늬의 간격을 연필로 표시한 다음 밝은 곳에서 간격을 측정한다.

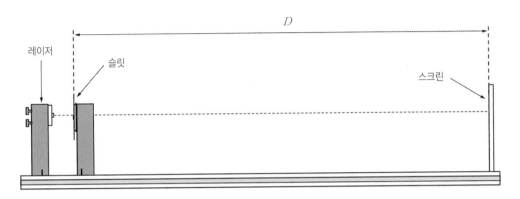

**그림 20.5  빛의 회절 실험 장치**

---

**실험 1**　　단일 슬릿

---

① 단일 슬릿에 레이저 빛이 지나도록 슬릿을 조정하여 스크린에 회절무늬가 나타나도록 한다.

② 스크린에 흰 종이(또는 모눈종이)를 부착한다.

③ 어두운 무늬가 나타나는 점을 스크린 위의 종이에 표시한다.

④ 첫 번째 어두운 회절무늬가 나타나는 두 점($n' = +1$, $n' = -1$) 사이의 거리 $x'_{+1} - x'_{-1}$을 측정하고 이로부터 무늬의 중심으로부터 첫 번째 어두운 무늬가 나타나는 점까지의 거리 $x'_1$을 구한다.

⑤ 두 번째 어두운 회절무늬가 나타나는 두 점($n' = +2$, $n' = -2$) 사이의 거리 $x'_{+2} - x'_{-2}$을 측정하고 이로부터 무늬의 중심으로부터 두 번째 어두운 무늬가 나타나는 점까지의 거리 $x'_2$을 구한다.

⑥ $x'_1$, $x'_2$로부터 슬릿 폭 $a$를 각각 계산한다.

⑦ $D$를 줄이면서 과정 ③~⑥을 반복한다.

⑧ $x'_1$과 $D$ 사이의 관계 그래프를 그리고 기울기로부터 슬릿 폭 $a$를 구한다.

---

**실험 2**　　이중 슬릿

---

① 이중 슬릿에 레이저 빛이 지나도록 슬릿을 조정하여 스크린에 무늬가 나타나도록 한다.

② 스크린에 흰 종이(또는 모눈종이)를 부착한다.

③ 어두운 회절무늬가 나타나는 점과 밝은 간섭무늬가 나타나는 점을 스크린 위의 종이에 표시한다.

④ 첫 번째 밝은 간섭무늬가 나타나는 두 점($n=+1$, $n=-1$) 사이의 거리 $x_{+1}-x_{-1}$을 측정하고 이로부터 무늬의 중심으로부터 첫 번째 밝은 무늬가 나타나는 점까지의 거리 $x_1$을 구한다.

⑤ 두 번째 밝은 간섭무늬가 나타나는 두 점($n=+2$, $n=-2$) 사이의 거리 $x_{+2}-x_{-2}$을 측정하고 이로부터 무늬의 중심으로부터 두 번째 어두운 무늬가 나타나는 점까지의 거리 $x_2$을 구한다.

⑥ $x_1$, $x_2$로부터 슬릿 사이의 간격 $d$를 각각 계산한다.

‖ 간섭무늬의 간격이 너무 좁아서 측정이 어려운 경우, 무늬 여러 개의 폭을 측정하여 평균을 구하라.

⑦ 회절에 의한 무늬에서 첫 번째 어두운 회절무늬가 나타나는 두 점($n'=+1$, $n'=-1$) 사이의 거리 $x'_{+1}-x'_{-1}$을 측정하고 이로부터 무늬의 중심으로부터 두 번째 밝은 무늬가 나타나는 점까지의 거리 $x'_1$을 구한다.

⑧ 두 번째 어두운 회절무늬가 나타나는 두 점($n'=+2$, $n'=-2$) 사이의 거리 $x'_{+2}-x'_{-2}$을 측정하고 이로부터 무늬의 중심으로부터 두 번째 어두운 무늬가 나타나는 점까지의 거리 $x'_2$을 구한다.

⑨ $x'_1$, $x'_2$로부터 슬릿 폭 $a$를 각각 계산한다.

⑩ 다른 간격과 폭을 가진 이중 슬릿에 대해서도 위 과정을 반복한다.


## 5. 질문 및 토의

① 결맞음이란 무엇인가?

② 슬릿의 폭이 커질수록 회절무늬는 어떻게 달라지는가?

③ 이중 슬릿에서 슬릿 사이의 간격이 커질수록 간섭무늬는 어떻게 달라지는가?

# 데이터 시트

슬릿에 의한 빛의 간섭과 회절

레이저 파장 $\lambda =$

**실험 1**  **단일 슬릿**

폭 $a =$

|  | 1 | 2 | 3 | 4 |
|---|---|---|---|---|
| $D$ | | | | |
| $x'_{+1} - x'_{-1}$ | | | | |
| $x'_{+2} - x'_{-2}$ | | | | |

**실험 2**  **이중 슬릿**

$D =$

|  | $d =$ $\quad$ $a =$ | $d =$ $\quad$ $a =$ | $d =$ $\quad$ $a =$ |
|---|---|---|---|
| $x_{+1} - x_{-1}$ | | | |
| $x_{+2} - x_{-2}$ | | | |
| $x'_{+1} - x'_{-1}$ | | | |
| $x'_{+2} - x'_{-2}$ | | | |

# 실험 결과

**실험 1**     단일 슬릿

| | 1 | 2 | 3 | 4 |
|---|---|---|---|---|
| $D$ | | | | |
| $(x'_+ - x'_-)$의 합성 표준 불확도 $\delta(x'_+ - x'_-)$ | | | | |
| $\delta x'$ | | | | |
| $x'_1 \left( = \dfrac{x'_{+1} - x'_{-1}}{2} \right)$ | | | | |
| $a$   실험값 | | | | |
|   이론값 | | | | |
|   상대오차[%] | | | | |
|   $a$의 불확도 $\delta a$ | | | | |
|   상대불확도[%] | | | | |
| $x'_2 \left( = \dfrac{x'_{+2} - x'_{-2}}{2} \right)$ | | | | |
| $a$   실험값 | | | | |
|   이론값 | | | | |
|   상대오차[%] | | | | |
|   $a$의 불확도 $\delta a$ | | | | |
|   상대불확도[%] | | | | |

‖ 오차의 전파를 통한 중심으로부터 어두운 무늬까지 거리의($x'$)의 불확도

(단, $\delta(x'_+ - x'_-)$는 분해능, 교정 불확도 등을 모두 고려하여 합성 표준 불확도를 대입한다.)

$$\delta x' = \sqrt{\left( \frac{\partial x'}{\partial (x'_+ - x'_-)} \delta(x'_+ - x'_-) \right)^2} = \frac{1}{2} \delta(x'_+ - x'_-)$$

‖ 오차의 전파를 통한 단일 슬릿의 폭($a$)의 불확도

$$\delta a = \sqrt{\left( \frac{\partial a}{\partial D} \delta D \right)^2 + \left( \frac{\partial a}{\partial x'} \delta x' \right)^2 + \left( \frac{\partial a}{\partial \lambda} \delta \lambda \right)^2} = \sqrt{\left( \frac{n\lambda}{x'} \delta D \right)^2 + \left( \frac{Dn\lambda}{(x')^2} \delta x' \right)^2 + \left( \frac{nD}{x'} \delta \lambda \right)^2}$$

**실험 2**    이중 슬릿

| | 1 | 2 | 3 |
|---|---|---|---|
| $(x'_+ - x'_-)$의 합성 표준 불확도 $\delta(x'_+ - x'_-)$ | | | |
| $\delta x'$ | | | |
| $x_1 \left( = \dfrac{x_{+1} - x_{-1}}{2} \right)$ | | | |
| $d$ 실험값 | | | |
| $d$ 이론값 | | | |
| $d$ 상대오차[%] | | | |
| $d$ $d$의 불확도 $\delta d$ | | | |
| $d$ 상대불확도[%] | | | |
| $x_2 \left( = \dfrac{x_{+2} - x_{-2}}{2} \right)$ | | | |
| $d$ 실험값 | | | |
| $d$ 이론값 | | | |
| $d$ 상대오차[%] | | | |
| $d$ $d$의 불확도 $\delta d$ | | | |
| $d$ 상대불확도[%] | | | |
| $x'_1 \left( = \dfrac{x'_{+1} - x'_{-1}}{2} \right)$ | | | |
| $a$ 실험값 | | | |
| $a$ 이론값 | | | |
| $a$ 상대오차[%] | | | |
| $a$ $d$의 불확도 $\delta d$ | | | |
| $a$ 상대불확도[%] | | | |
| $x'_2 \left( = \dfrac{x'_{+2} - x'_{-2}}{2} \right)$ | | | |
| $a$ 실험값 | | | |
| $a$ 이론값 | | | |
| $a$ 상대오차[%] | | | |
| $a$ $d$의 불확도 $\delta d$ | | | |
| $a$ 상대불확도[%] | | | |

‖ 간섭 : 오차의 전파를 통한 중심으로부터 밝은 무늬까지 거리의($x$)의 불확도

(단, $\delta(x_+ - x_-)$는 분해능, 교정 불확도 등을 모두 고려하여 합성 표준 불확도를 대입한다.)

$$\delta x = \sqrt{\left(\frac{\partial x}{\partial(x_+ - x_-)}\delta(x_+ - x_-)\right)^2} = \frac{1}{2}\delta(x_+ - x_-)$$

‖ 회절 : 오차의 전파를 통한 중심으로부터 어두운 무늬까지 거리의($x'$)의 불확도

(단, $\delta(x'_+ - x'_-)$는 분해능, 교정 불확도 등을 모두 고려하여 합성 표준 불확도를 대입한다.)

$$\delta x' = \sqrt{\left(\frac{\partial x'}{\partial(x'_+ - x'_-)}\delta(x'_+ - x'_-)\right)^2} = \frac{1}{2}\delta(x'_+ - x'_-)$$

‖ 오차의 전파를 통한 단일 슬릿의 폭($a$)의 불확도

$$\delta a = \sqrt{\left(\frac{\partial a}{\partial D}\delta D\right)^2 + \left(\frac{\partial a}{\partial x'}\delta x'\right)^2 + \left(\frac{\partial a}{\partial \lambda}\delta \lambda\right)^2} = \sqrt{\left(\frac{n\lambda}{x'}\delta D\right)^2 + \left(\frac{Dn\lambda}{(x')^2}\delta x'\right)^2 + \left(\frac{nD}{x'}\delta \lambda\right)^2}$$

‖ 오차의 전파를 통한 이중 슬릿의 간격($d$)의 불확도

$$\delta d = \sqrt{\left(\frac{\partial d}{\partial D}\delta D\right)^2 + \left(\frac{\partial d}{\partial x}\delta x\right)^2 + \left(\frac{\partial d}{\partial \lambda}\delta \lambda\right)^2} = \sqrt{\left(\frac{n\lambda}{x}\delta D\right)^2 + \left(\frac{Dn\lambda}{x^2}\delta x\right)^2 + \left(\frac{nD}{x}\delta \lambda\right)^2}$$

# APPENDIX

# 부 록

**Appendix A.** 오실로스코프

**Appendix B.** 직류 전원 장치

**Appendix C.** 멀티미터

**Appendix D.** 함수발생기

**Appendix E.** 스마트 계시기

**Appendix F.** 단위 환산표, 기본 물리 상수, 물질의 물리적 성질

# 오실로스코프

## 1. 서 론

오실로스코프는 전압 신호를 시간에 대한 함수로 영상장치에 나타내어 전압의 시간 흐름에 따른 변화를 눈으로 볼 수 있도록 만들어진 장치로서 여러 분야의 실험실에서 사용되는 기본 계측 장비다. 오실로스코프를 사용하면 전압 신호의 진폭뿐만 아니라 진동수, 왜곡 현상 및 두 신호 사이의 시간차 등을 측정할 수 있으며 신호의 변화를 실시간으로 관측할 수 있으므로 과학, 의학, 공학, 통신, 산업 분야 등에 널리 사용된다.

오실로스코프는 신호처리의 방식에 따라 아날로그 오실로스코프와 디지털 오실로스코프로 나누어진다.

그림 A1에 아날로그 오실로스코프의 기본적인 구조를 나타내었다. 일반적으로 그림과 같이 수평 수직축 장치, 트리거 장치, 영상장치 등으로 구성되어 있다. 입력 신호가 프로브를 통하여 입력되면 감쇠기와 증폭기로 적당한 크기의 전압으로 조정되어 다음 단으로 보내진다. 아날로그 오실로스코프의 영상 장치는 주로 음극선관을 사용하며, 두 쌍의 편향판은 전자선을 X축 또는 Y축으로 움직이게

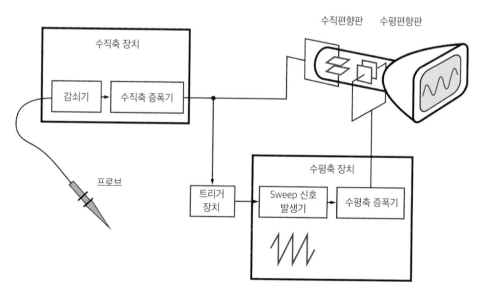

**그림 A.1  아날로그 오실로스코프의 원리와 구조**

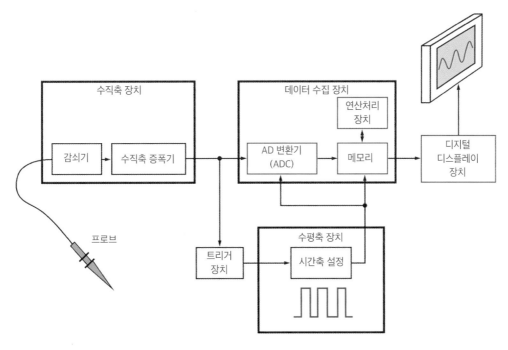

그림 A.2  디지털 오실로스코프의 원리와 구조

만들어 스크린에 2차원의 영상을 만든다. Sweep 신호 발생기는 시간에 대해 일정한 비율로 변하는 톱니모양의 Sweep 신호전압을 발생시키고 이를 주기적으로 수평편향판에 가해주어 X축이 시간축이 되도록 하는 회로다.

디지털 오실로스코프의 기본적인 구조는 그림 A.2와 같다. 아날로그 오실로스코프와 비교할 때 가장 특징적이라고 볼 수 있는 부분이 데이터 수집 장치(Data acquisition system)다. 데이터 수집 장치의 AD 변환기는 입력된 아날로그 전압을 디지털 신호로 변환하는 장치로서 일정한 시간 간격으로 아날로그 신호의 전압을 읽어서(샘플링) 그 값을 디지털로 변환한다. 이렇게 디지털로 변환된 신호는 메모리에 저장된다. 이로써 아날로그 오실로스코프의 큰 난제였던 파형의 저장이 손쉽게 되었으며 메모리에 저장된 디지털 신호를 불러내어 연산 처리를 함으로써 손실이 없는 입력 신호 재생을 위한 다양한 계산이 가능하게 되었다. 수평축 장치는 화면의 시간축을 담당하며 AD 변환기의 샘플링 시간을 결정한다. 디지털 오실로스코프의 영상장치로 초기에는 음극선관(Cathode ray tube, CRT)을 사용하기도 하였으나 최근에는 가볍고 전력 소비가 적은 LCD를 사용한 영상 장치를 주로 사용하고 있다.

## 2. 동기(synchronization)와 트리거(triggering)

여기에서는 트리거 기능을 설명하기 위하여 아날로그 오실로스코프의 예를 들고 있으나 디지털 오실로스코프를 포함한 오실로스코프의 일반적인 트리거의 개념을 이해하는 데는 문제가 없을 것으로 본다.

오실로스코프의 가장 중요한 기능은 전압을 시간에 대한 함수로 화면에 나타내는 것이다. 전압 신호가 그림 A.3에서와같이 수직축에 가해지고 수평축 장치에서 만들어진 Sweep 신호가 수평축에 가해지면 그림 아래의 사각형에서 보는 것처럼 이 두 신호가 합성되어 오실로스코프의 화면에 나타난다. 여기서 Sweep 신호의 경사진 직선 부분의 기울기는 Sweep 시간을 나타내며 사용자에 의해 선택된 TIME/DIV에 의해 결정된다. 그리고 Sweep 신호의 수직 부분은 파형을 반복해서 화면에 나타내기 위해 전자선을 화면의 왼쪽 끝으로 되돌린다. 따라서 일반적으로 Sweep 신호는 톱니파(Sawtooth Wave)의 형태를 가진다.

사인파, 사각파, 삼각파 등의 주기적으로 변하는 전압의 파형을 관측하는 경우를 살펴보자. Sweep 신호가 수직 입력 신호를 반복적으로 화면에 그릴 때 매번 같은 형태의 파형을 그리지 않으면 사용자는 움직이거나 여러 형태가 중첩된 파형을 관측하게 된다. 그림 A.3(a)와 같이 Sweep 신호의 주기가 수직 입력 신호 주기의 정수배가 되지 않으면 Sweep이 시작되는 지점의 위상이 Sweep을 할 때마다 달라지므로 화면에는 모양이 다른 파형들이 연속적으로 나타나게 된다. 이는 파형이 이동하는 것으로 보이거나 여러 파동이 중첩되어 나타난다는 것을 의미한다. 파형을 제대로 관측하고 측정을 하기 위해서는 정지된 파형이 화면에 나타나야 하지만 수동으로 Sweep 신호의 주기를 조절해서 입력신호의 주기에 맞추는 것은 매우 어렵다. 따라서 모든 오실로스코프는 트리거 회로를

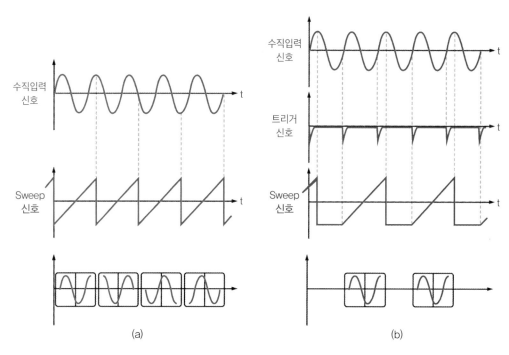

(a)                                                    (b)

**그림 A.3  트리거 신호와 오실로스코프 화면의 파형**

위의 사각형들은 오실로스코프 화면의 파형을 나타낸 것이다.

(a) 트리거 신호가 없고 동기가 되지 않으면 Sweep을 할 때마다 다른 형태의 파형들이 화면에 나타나므로 이동하거나 여러 파형이 뒤섞인 파형이 관측된다.

(b) 트리거 신호를 사용하여 동기를 시킨 경우 Sweep을 할 때마다 같은 형태의 파형을 화면에 그리므로 정지한 파형이 관측된다.

내장하여 그림 A3(b)에서 보는 바와 같이 항상 같은 수직 입력 신호의 위상에서만 Sweep을 시작하도록 시간축발생기의 Sweep 발생기에 트리거 신호를 보낸다. 그래서 Sweep할 때마다 같은 모양의 수직 입력 신호가 화면에 나타나도록 하는데 이렇게 하는 것을 '동기시킨다'라고 한다. Sweep 신호는 트리거 신호가 가해질 때만 Sweep을 시작하여 화면에 파형을 그리므로 Sweep 시간을 조정하지 않더라도 수직 입력 신호의 주기와 어긋나지 않는 항상 같은 형태의 파형을 화면에 나타낼 수 있는 것이다.

## 3. 사용법

### 1) 디지털 오실로스코프

### (1) 각 부분의 주요 기능

① **전원 스위치** : 기기의 윗면 왼쪽 중앙에 있다.

② **메뉴 스위치** : 화면의 메뉴를 끄고 켠다.

③ **소프트 키** : 키의 왼쪽에 나타난 메뉴를 선택한다.

④ **만능손잡이** : 손잡이 위의 램프가 켜져 있으면 손잡이를 돌려서 화면의 메뉴를 선택한 후 손잡이를 눌러서 확정한다. 램프가 꺼져 있으면 파형의 밝기를 조절한다.

⑤ **CH1 선택 switch** : 채널 1을 설정하는 메뉴와 채널 1의 파형을 화면에 나타내는 스위치다.

⑥ **CH1 V/Div 조절** : 채널 1의 입력 신호에 대한 수직축 한 눈금의 전압을 결정한다.

⑦ **CH1 입력 단자** : 채널 1의 입력 신호를 연결하는 단자다.

⑧ **CH1 수직 위치** : 채널 1의 파형을 수직방향으로 이동시킨다. 누르면 다시 0(zero) 위치로 돌아간다.

⑨ **CH2 선택 조절 손잡이** : 채널 2를 설정하는 메뉴와 채널 2의 파형을 화면에 나타내는 스위치다.

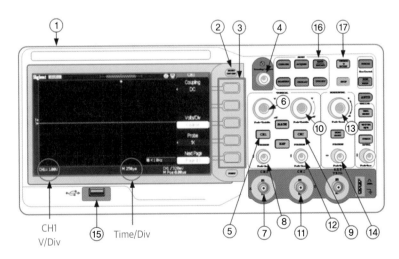

그림 A.4  디지털 오실로스코프

⑩ **CH2 V/Div 조절** : 채널 2의 입력 신호에 대한 수직축 한 눈금의 전압을 결정한다.

⑪ **CH2 입력 단자** : 채널 2의 입력 신호를 연결하는 단자다.

⑫ **CH2 수직 위치** : 채널 2의 파형을 수직방향으로 이동시킨다. 누르면 다시 0(zero) 위치로 돌아간다.

⑬ **TIME/Div 조절** : 시간축의 Sweep 속도를 결정한다.

⑭ **수평 위치** : 파형을 수평방향으로 이동시킨다. 누르면 다시 원위치로 돌아간다.

⑮ **USB 단자** : 화면의 내용을 저장할 때 사용한다.

⑯ **저장메뉴** : 측정된 파형에 대한 그림이나 데이터를 저장매체에 저장한다.

⑰ **Default 키** : 이 키를 누르면 공장에서 출하될 때 자체 설정된 값으로 세팅이 된다.


(2) 파형 관측을 위한 기본 조작법

01. 프로브의 BNC 커넥터를 CH1 입력 단자 ⑦에 연결한다. 프로브 팁에는 아무것도 연결하지 않는다.
⎮ 프로브의 감쇠비율 전환 스위치가 1X로 설정되어 있음을 확인하라.

02. 전원 ①을 켠다.

03. CH1 선택 스위치 ⑤를 눌러 1번 채널의 메뉴가 화면 오른쪽에 나타나도록 한다(CH1 선택 스위치의 램프가 켜져 있는지 확인하라. 화면 오른쪽에 어떤 메뉴도 나타나지 않으면 메뉴 스위치 ②를 눌러라).

04. 메뉴의 Coupling을 GND로 선택하고 노란색 수평선이 수직선의 중앙, 즉 0 V에 위치함을 확인한다. 중앙에 위치하지 않으면 CH1 수직 위치 조절손잡이 ⑧을 누른다.
⎮ GND로 선택하는 데는 두 가지 방법이 있다. 원하는 선택이 나올 때까지 Coupling 메뉴 버튼을 계속 누르는 방법이 있고, 또 하나는 누른 후 DC, AC, GND 선택이 나타나면 만능손잡이 ④를 돌려서 GND를 선택한 후 만능손잡이를 눌러서 선택확정을 하는 방법이다.

05. 메뉴의 프로브가 1X에 설정되어 있음을 확인하라.

06. 프로브 팁과 접지 클립을 측정하고자 하는 전압원에 연결하라. 접지 클립은 전압원의 접지 쪽 (GND 단자와 연결된 쪽, 일반적으로 흑색 단자)으로 연결하라.

07. Coupling을 DC로 선택한다.

08. CH1 V/Div 조절 손잡이 ⑥과 TIME/Div 조절 손잡이 ⑬을 돌려 측정하기 가장 적절한 위치에 맞춘다.


(3) 데이터 저장(CSV 파일 저장 예)

01. USB 단자 ⑮에 USB 메모리를 끼운다.

02. 저장메뉴 ⑯을 누른다.

03. Type → CSV, Data Depth → Displayed, Para Save → On으로 설정한다.

04. Save를 누른다.

05. Modify → New File

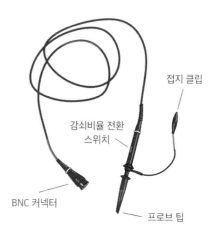

접지 클립

감쇠비율 전환
스위치

BNC 커넥터

프로브 팁

**그림 A.5 오실로스코프 프로브**

**06.** 화살표(←, →)와 만능손잡이를 사용하여 저장할 파일명을 만든다.

**07.** Confirm을 누른다.

**08.** 이상이 없다면 Store Data Success!!라는 메시지를 보게 된다.

‖ CSV 파일은 Microsoft 엑셀에서 불러올 수 있다.


## 2) 아날로그 오실로스코프

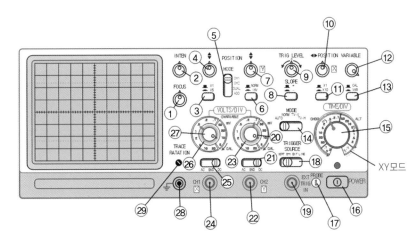

그림 A.6  아날로그 오실로스코프


① **FOCUS control** : 선명한 파형을 얻기 위해 전자선의 초점을 조정한다.

② **INTEN control** : 파형의 밝기를 조정한다.

③ **×5 MAG switch** : 수직축을 5배로 확대하여 감도를 높인다. 전압을 읽으려면 VOLTS/DIV가 지시하는 값에 1/5을 곱해야 한다.

④ **CH1 Position control** : 채널 1의 파형을 수직방향으로 이동시킨다. 시계방향으로 돌리면 파형이 위쪽으로 이동하며 시계반대방향으로 돌리면 아래쪽으로 이동한다.

⑤ **V Mode switch** : 수직축의 입력 채널을 선택한다.

- **CH1** : 채널 1의 입력 신호가 화면에 출력된다.
- **CH2** : 채널 2의 입력 신호가 화면에 출력된다.
- **DUAL** : 채널 1과 채널 2의 입력 신호가 동시에 화면에 출력된다.
- **ADD** : 채널 1의 입력 신호와 채널 2의 입력 신호를 산술적으로 합한 파형이 화면에 출력된다.

⑥ **CH2 INV switch** : 채널 2의 파형을 뒤집어서 출력한다.

⑦ **CH2 Position control** : 채널 2의 파형을 수직방향으로 이동시킨다. 시계방향으로 돌리면 파형이 위쪽으로 이동하며 시계반대방향으로 돌리면 아래쪽으로 이동한다.

⑧ **Trigger Slope switch** : Trigger level을 조정할 때 Sweep을 시작하는 지점의 트리거 신호원(trigger source)의 기울기를 선택한다.

⑨ **Trigger Level control** : 트리거 신호원의 어느 진폭에서 트리거를 발생시키느냐를 결정한다.

⑩ **Horizontal Position control** : 파형을 수평방향으로 이동시킨다. 시계방향으로 돌리면 파형이 오른쪽으로 이동하며 시계반대방향으로 돌리면 왼쪽으로 이동한다.

⑪ **×10 MAG switch** : 시간축을 10배 확대한다. 따라서 TIME/DIV가 지시하는 값을 1/10배 곱하여 시간을 계산해야 한다(×5로 표시된 모델은 5배 확대된다).

⑫ **VARIABLE control** : VARIABLE switch 단추가 눌러진 상태에서 이 손잡이를 돌리면 Sweep 시간을 TIME/DIV의 한 단계 범위 내에서 연속적으로 변화시킬 수 있다. 손잡이를 시계방향으로 최대로 돌렸을 때 Sweep 시간이 TIME/DIV 지시값과 일치한다.

⑬ **VARIABLE switch** : 이 단추를 누른 후 VARIABLE control 손잡이를 돌리면 Sweep 시간을 연속적으로 변화시킬 수 있다. 이 단추를 누르지 않으면 VARIABLE control과 상관없이 Sweep 시간이 TIME/DIV 지시값과 일치한다.

⑭ **Trigger Mode switch** : 트리거 방식을 선택한다.

- **AUTO** : 입력 신호가 없더라도 Sweep을 한다.
- **NORM** : 트리거 신호가 입력될 때만 Sweep을 한다. 즉, 입력 신호가 없거나 동기가 되지 않는 신호의 파형은 나타나지 않는다.
- **TV−V** : 비디오 신호의 프레임 진동수(frame rate)에 따라 동기가 된다.
- **TV−H** : 비디오 신호의 주사 진동수(scanning rate)에 따라 동기가 된다.

⑮ **TIME/DIV switch** : 시간축의 Sweep 속도를 결정한다.

⑯ **POWER switch** : 전원 스위치다.

⑰ **Probe Adjust** : 프로브 또는 수직 증폭기의 교정용 단자. 정확한 진폭을 가진 사각파가 출력이 된다.

⑱ **Trigger Source switch** : 트리거 신호원을 선택한다.

- **VERT** : 채널 1 또는 채널 2의 입력 신호에 동기시킨다. V Mode 스위치가 CH1에 선택되면 채널 1의 입력 신호에 동기가 되고 CH2에 선택되면 채널 2의 입력 신호에 동기가 된다. 만약 V Mode 스위치가 dual로 선택되면 채널 1과 채널 2의 입력 신호를 번갈아 가며 트리거 신호원으로 사용한다.
- **CH1** : 채널 1의 입력 신호에 동기시킨다.
- **LINE** : 전원 교류전압에 동기시킨다.
- **EXT** : EXT TRIG IN의 입력 신호에 동기시킨다.

⑲ **EXT TRIG IN connector** : 트리거 회로에 외부 트리거 신호를 입력한다.

⑳ **CH2 VARIABLE control** : 이 손잡이를 돌리면 채널 2 파형의 수직성분을 VOLTS/DIV의 한 단계 범위에서 연속적으로 변화시킬 수 있다. 손잡이를 시계방향으로 최대로 돌렸을 때 화면의 수직축 눈금이 VOLTS/DIV 지시값과 일치한다.

㉑ **CH2 AC/GND/DC switch** : 채널 2 입력 신호와 수직 증폭기의 연결방식을 선택한다.

- **AC** : 직류를 제거하는 필터를 통하여 연결된다. 입력 신호에 포함된 직류 성분은 제거되고 교

류성분만 화면에 나타난다.

- GND : 입력 신호에 관계없이 0 V인 수평선이 나타난다.
- DC : 입력 신호가 수직 증폭회로에 직접 연결된다. 직류와 교류 모두 관측되므로 일반적인 측정에서 사용된다.

㉒ CH2 or Y IN connector : 채널 2의 입력 신호(XY mode에서는 Y축 입력 신호)를 연결하는 단자다.

㉓ CH2 VOLTS/DIV switch : 채널 2의 입력 신호에 대한 수직축 한 눈금의 전압을 결정한다. VARIABLE control 손잡이를 시계방향으로 최대로 돌렸을 때만 화면의 수직축 눈금이 VOLTS/DIV 지시값과 일치한다.

㉔ CH1 or X IN connector : 채널 1의 입력 신호(XY mode에서는 X축 입력 신호)를 연결하는 단자다.

㉕ CH1 AC/GND/DC switch : 채널 1 입력 신호와 수직 증폭기의 연결방식을 선택한다. 각각의 선택에 대한 기능은 ㉑을 참조하라.

㉖ CH1 VOLTS/DIV switch : 채널 1의 입력 신호에 대한 수직축 한 눈금의 전압을 결정한다. VARIABLE control 손잡이를 시계방향으로 최대로 돌렸을 때만 화면의 수직축 눈금이 VOLTS/DIV 지시값과 일치한다.

㉗ CH1 VARIABLE control : 이 손잡이를 돌리면 채널 1 파형의 수직성분을 VOLTS/DIV의 한 단계 범위에서 연속적으로 변화시킬 수 있다. 손잡이를 시계방향으로 최대로 돌렸을 때 화면의 수직축 눈금이 VOLTS/DIV 지시값과 일치한다.

㉘ Ground connector : 접지 단자다.

㉙ Rotation control : 수평축에 대한 파형의 기울기를 조정한다.

# 4. 사용 시 유의사항

오실로스코프를 사용할 때 다음 사항을 주의하지 않으면 잘못된 값을 읽거나 기기의 고장으로 오인하게 된다.

## 1) 디지털 오실로스코프

프로브의 감쇠비율 전환 스위치에서 설정된 배율과 오실로스코프의 메뉴에서 설정된 프로브 배율이 같지 않으면 두 배율의 비만큼 크거나 작은 값이 측정된다.

## 2) 아날로그 오실로스코프

- ×5, ×10 같은 확대 기능이 설정되어 있으면 배수만큼 확대된 파형이 나타난다.
- Invert 기능이 설정되어 있으면 뒤집힌 파형을 관측하게 된다.

- VOLTS/DIV, TIME/DIV의 미세조절(variable) 손잡이가 있는 경우 시계방향으로 끝까지 돌려 cal 위치에 두어야 한다.
- Trigger mode : NORM에 두면 신호의 진폭이 작을 때 파형이 나타나지 않는다.
- Intensity가 최소로 설정되어 있으면 파형이 보이지 않는다.
- 수평과 수직의 위치조정(POSITION)이 제대로 되어 있지 않아서 파형이 보이지 않는 경우가 많다.

　오실로스코프의 AC-GND-DC 입력 전환 스위치를 [AC]로 설정하면 입력 신호는 직류성분을 제거하는 필터를 지나게 되어 있다. 입력 신호에 직류와 교류가 섞여 있을 때 직류성분을 제거하고 교류성분만 관측하는 데는 편리하게 사용될 수 있으나 필터로 인하여 파형의 변형(특히 10 Hz 이하의 낮은 진동수거나 사인파가 아닌 경우)이 있을 수 있다는 것을 항상 염두에 두어야 한다. 따라서 앞서 언급한 상황이 아니라면 항상 [DC]에 두고 측정을 하는 것이 AC coupling에 의한 파형의 변형을 피하는 방법일 것이다.

# 직류 전원 장치

## 1. 서 론

직류 전원 장치(DC power supply)는 상용 교류 전원을 사용하여 직류 전원을 출력하는 장치를 말한다. 일반적으로 실험에 사용되는 직류 전원 장치의 출력 전압은 0 V부터 수십 V까지 연속 가변이 되며, 최대 출력 전류는 3 A, 5 A, 10 A 등으로 모델에 따라 다양하다. 장치에 따라 5 V의 고정전압이 출력되는 보조 전원 장치가 있는 경우도 있다. 직류 전원 장치는 주로 정전압 공급기로 사용되지만 대부분 정전류 공급기 기능도 가지고 있다. 2개 채널을 가진 경우 좌우 양쪽의 2개 채널은 독립적으로 사용할 수 있다.

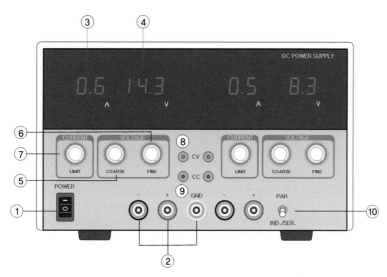

그림 B.1  직류 전원 장치

## 2. 각 부분의 기능과 설명

① **전원 스위치** : 직류 전원 장치의 전원을 on/off한다.
② **전압 및 전류 출력단자** : (+)는 적색, (−)는 흑색, 접지는 백색으로 표시되어 있다.

③ **전압 표시창** : 전압의 세기를 표시한다.

④ **전류 표시창** : 전류의 세기를 표시한다.

⑤ **출력 전압 조정손잡이** : 출력 전압을 조정한다.

⑥ **출력 전압 미세 조정손잡이** : 출력 전압을 미세하게 조정한다.

⑦ **출력 전류 조정손잡이** : 출력 전류를 조성한다.

⑧ **정전압 상태 표시등** : 정전압 상태일 때 점등된다.

⑨ **정전류 상태 표시등** : 정전류 상태일 때 점등된다.

⑩ **직렬 병렬 전환 스위치** : 채널이 2개인 경우 일반적으로 두 개의 완전히 독립적인 직류 전원 장치로 동작하므로, 두 직류 전원 장치의 출력단자를 직렬이나 병렬로 연결하면 간단히 더 큰 전압을 얻거나 더 큰 전류를 얻을 수 있다고 생각할 수 있다. 하지만 이렇게 하면 각 전원 장치의 전압, 전류나 연결되는 부하의 상태에 따라 문제가 발생할 수 있다. 직렬 병렬 전환 스위치가 있는 전원 공급 장치는 내부에 보호회로가 연결되어 있으므로 두 전원 장치를 안전하게 직렬 또는 병렬로 연결해서 사용할 수 있다. 연결 및 설정 방법은 제조회사에 따라 다를 수 있으므로 제품 설명서를 참고해야 한다.

## 3. 사용 시 유의사항

정전류 상태는 출력단자에 접속되는 부하의 저항과 관계없이 일정한 전류를 흘리고 있는 상태를 말한다. 정전류 상태 표시등이 켜지면 전류 조정손잡이에 의해서 출력 전류가 조절되고 전압 조정손잡이를 돌려도 전압은 변하지 않는다. 의도적으로 정전류 상태에 두지 않았는데도 정전류 상태 표시등이 켜졌다면, 이는 출력 전류 조정손잡이에 의해 설정된 전류보다 더 큰 전류가 흐르지 않도록 전압을 더 이상 올리지 않겠다는 의미로 해석해야 한다. 이때 전압을 더 올리려면 출력 전류 조정손잡이를 돌려서 출력 전류를 증가시켜 정전류 상태 표시등이 꺼지도록 해야 한다. 출력 전류를 증가시켜도 의도하지 않게 계속 정전류 상태 표시등이 켜진다면 출력단자에 연결된 회로의 단락(합선) 가능성이 크므로 전원공급을 끊고 단락 여부를 자세히 조사한 후 전원을 다시 연결하여 아주 천천히 출력 전류를 증가시켜야 한다. 이처럼 직류 전원 장치를 정전압을 공급하는 목적으로 사용하는 경우 출력 전류 조정손잡이는 과전류를 방지하기 위한 최대 전류를 설정하는 데 사용된다.

# Appendix. C

# 멀티미터

## 1. 서 론

멀티미터라고 하면 직류와 교류의 전압, 전류 그리고 직류 저항을 기본적으로 측정할 수 있는 계측기를 말한다. 그러나 일반적으로 판매되고 있는 멀티미터는 진동수, capacitance 및 inductance 측정, 반도체 소자 시험 기능 등 많은 부가 기능이 포함되어 있는 경우가 대부분이다. 그림 C1에는 실험에 사용되는 대표적인 두 가지 모델의 멀티미터를 나타냈다.

## 2. 각 부분의 기능과 설명

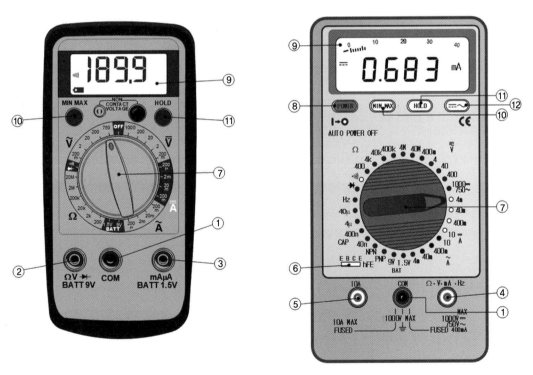

그림 C.1 멀티미터

① COM : 공통 단자(흑색)

② Ω · V : 저항, 전압 입력 단자

③ A · mA : 전류 입력 단자

④ Ω · V · A · mA · Hz : 저항, 전압, 전류, 진동수, battery, capacitance, diode 시험 입력 단자(적색)

⑤ 10 A : 10 A 전류 입력 단자(적색)

⑥ hFE : 트랜지스터 hFE 입력 소켓

⑦ 기능 선택 로터리 스위치 : 로터리 스위치의 화살표가 지시하는 항목에 대한 측정을 선택한다. 표시 된 숫자는 측정 가능한 한계를 나타낸다. 예로써 그림 C.1의 왼쪽 모델의 경우는 교류전압을 750 V까지 그리고 오른쪽 모델의 경우는 직류전류를 최대 4 mA까지 측정할 수 있음을 나타낸다.

⑧ POWER : 전원 스위치

⑨ 측정값 표시화면 : 전압, 전류, 저항의 크기를 표시한다.

⑩ MIN/MAX : 측정값의 변동이 있는 경우 이 버튼을 누르면 최댓값 또는 최솟값을 계속 표시해준다. 화면에 MIN 또는 MAX로 표시된다.

⑪ HOLD : 측정값의 변동이 있는 경우 HOLD 버튼을 누르는 순간의 측정값을 표시해준다. 버튼을 한 번 더 누르면 원래의 상태로 돌아간다.

⑫ DC/AC : 직류전압 혹은 교류전압을 선택하는 버튼으로 선택한 기능은 화면 좌측 중앙에 ‾‾ (직 류) 혹은 ~ (교류)로 표시된다.

‖ 그림 C.1의 왼쪽 모델은 표시화면에 단위가 표시되지 않으므로 로터리 스위치로 선택한 측정영역으로 단위를 판단해 야 한다. 예를 들면, 그림에 나타난 것과 같이 교류 750 V 영역에 선택되었고 189.9가 표시되었다면 단위는 그냥 V로 서 189.9 V가 된다. 만약 교류 200 mV 영역에 선택되었고 189.9가 표시되었다면 이때는 단위가 mV로서 측정값은 189.9 mV가 된다.

## 3. 사용 시 유의사항

01. 전압과 전류 측정 : 측정 예상값보다 큰 값의 측정범위로 설정을 하고 점차로 낮추어 가며 원하는 유효 숫자가 표시되는 영역을 선택한다. 로터리 스위치가 가리키는 측정범위는 측정할 수 있는 최대 허용값이다.

02. 저항 측정 : 측정하고자 하는 부분에 전류가 흐르는 상태에서 저항을 측정하지 말라. 또 저항을 측정하고자 하는 부분이 다른 회로와 연결되어 저항값이 잘못 읽히는 것 아닌지 살펴보라.

03. 내부저항 : 전압계와 전류계는 전압과 전류를 측정할 때 측정하는 행위로 인하여 측정하고자 하는 전압이나 전류가 영향을 받지 않도록 설계되어야 할 것이다. 회로의 어떤 두 지점의 전위차, 즉 전압을 측정하기 위해서 전압계를 연결했을 때를 가정하자. 만약 전압계의 저항이 작다면 전압계 가 연결된 부분의 저항이 감소하여 전압도 함께 감소하게 된다. 그렇게 되면 전압계를 연결하기 전의 전압을 알 수 없게 되어 측정의 의미가 없어진다. 따라서 전압계로 인한 이러한 영향을 줄이

기 위해 전압계는 내부저항이 대단히 크게 제작되기는 하지만 무한대는 아니어서 측정 결과에 영향을 주기도 한다. 전류를 측정하기 위해서는 전류를 측정하고자 하는 부분과 전류계가 직렬로 이어져서 원래대로 전류가 흐르도록 한다. 따라서 전류계로 인하여 전류가 감소하지 않도록 하려면 전류계의 내부저항이 매우 작아야 한다. 전류계의 저항이 매우 작다는 것은 작은 전압에도 큰 전류가 흐를 수 있다는 것을 뜻하므로, 전류계를 사용할 때는 측정하기 전에 전류를 예측하여 전류계의 최대 한계보다 큰 전류가 흐르지 않도록 매우 주의하여야 한다. 의도하지 않은 큰 전류로 회로가 손상되는 것을 막기 위해 전류계에는 보통 퓨즈가 설치되어 있다. 전류계의 최대 한계보다 큰 전류가 흐르면 전류계 내부의 퓨즈가 먼저 단선되겠지만 만약 퓨즈가 제 기능을 다 하지 못한다면 전류계 파손 그리고 심한 경우 joule 열에 의한 발화의 가능성도 있게 된다. 퓨즈를 장착한 것과는 별도로 멀티미터 제조회사에서는 멀티미터를 보호하기 위하여 전류계 내부저항을 어느 정도의 값을 갖도록 제작한다. 실험에 사용되는 멀티미터의 경우 전류계의 내부저항은 측정 영역에 따라 다르지만 클 경우 $1 \ \mathrm{k\Omega}$ 가까운 값을 가지기도 하므로 주의가 필요하다.

04. **사용 진동수 영역** : 일반적으로 멀티미터는 상용 전원 진동수(50 또는 60 Hz)의 교류전압과 교류 전류의 측정에 적합하도록 제작되었으므로 측정할 수 있는 진동수의 범위는 이 영역을 크게 벗어나지 않으며 제품에 따라 그리고 측정 영역에 따라 다르다. 따라서 여러 가지 진동수에 대해 교류 전압 및 교류전류를 측정해야 한다면 사용 멀티미터로 측정이 가능한 진동수 범위를 잘 알고 있어야 한다.

05. **퓨즈 확인 방법** : 전류 측정 실험을 하기 전에 멀티미터의 퓨즈가 이상이 없는지 확인해두자. 멀티미터의 덮개를 열지 않고 확인할 수 있는 간단한 방법은 또 하나의 다른 멀티미터를 이용하는 것이다. 다른 멀티미터를 저항 측정 영역에 두고 사용하고자 하는 멀티미터를 직류 전류 영역 (mA 영역)에 두고 서로 연결한다. 이때 양쪽 멀티미터를 각각 읽어서 저항이 낮게 측정되거나 (수 $\mathrm{k\Omega}$ 이하) 측정된 전류가 0이 아니면 사용하고자 하는 멀티미터의 퓨즈는 정상이라고 보면 된다. 퓨즈가 끊어지면 전류 측정은 안 되지만 다른 기능은 정상 작동한다.

06. **멀티미터 프로브** : 멀티미터용 프로브는 그림 C.2와 같다. 멀티미터 쪽은 튜브가 감싸고 있는 바나나 플러그로 구성되어 있고 반대쪽은 뾰족한 탐침 형태로 되어 있어 검사 대상에 손쉽게 접촉시킬 수 있다. 멀티미터 단자에 일반 바나나 플러그도 끼울 수는 있으나 단자가 파손되기 쉬우므로 사용하지 않는 것이 좋다.

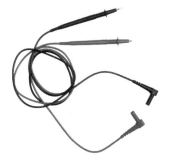

그림 C.2 멀티미터 프로브

## Appendix. D

# 함수발생기

## 1. 서 론

함수발생기(function generator)는 교류전압을 발생시키는 장치다. 발생하는 교류전압은 사인파, 삼각파, 사각파 등 여러 형태의 파형이 가능하며 진폭과 진동수를 바꿀 수가 있다. 또 교류전압에 직류전압을 더하거나 뺀 전압을 발생할 수도 있다. 일반적으로 함수발생기라고 하면 실험에 필요한 전기 신호용으로 적합한 교류전압을 발생시키는 장치이므로 흘릴 수 있는 최대 전류는 크지 않다. 따라서 큰 전력이 요구되는 교류 전원용으로는 사용할 수 없다. 실험에 사용되고 있는 함수발생기의 모습은 그림 D.1과 같다.

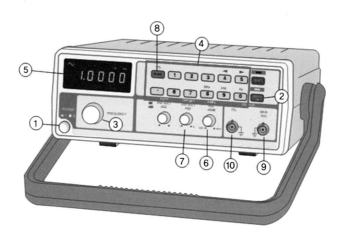

그림 D.1 함수발생기

## 2. 각 부분의 기능과 설명

① **전원 스위치** : 함수발생기의 전원을 on/off한다.

② **출력 스위치** : 이 스위치를 눌러야 OUTPUT 단자로 전압이 출력된다.

③ **진동수 다이얼** : 이 다이얼을 돌려서 원하는 진동수를 선택한다(진동수 조절 단계는 shift 키 + 4 또는 5로 설정).

④ **진동수 선택 키** : 원하는 진동수를 키를 눌러 선택한다. 키 8, 9, 0은 shift 키와 함께 진동수의 단위를 선택하게 한다.

‖ 예 : 125 kHz (1＋2＋5＋shift＋9)

⑤ **진동수 출력창** : 출력 진동수를 표시한다.

⑥ **진폭(AMPLITUDE) 조절** : 출력 신호의 진폭(전압)을 조절한다.

⑦ **DC OFFSET 조절** : 교류 신호에 DC(직류) 전압을 합한 파형이 출력된다.

⑧ **파형 선택 단추** : 원하는 형태의 파형(sine파, 사각파, 삼각파)을 선택할 수 있다.

⑨ **OUTPUT 50 Ω 단자** : 파형 선택 단추로 선택된 신호의 출력 단자다.

⑩ **OUTPUT TTL 단자** : 디지털 신호 출력 단자다.

# 스마트 계시기

## 1. 서 론

스마트 계시기(smart timer)는 포토게이트 계시기와 마찬가지로 포토게이트를 사용할 수 있으며 0.1 ms의 정밀도로 시간 간격을 측정할 수 있는 디지털 시간 계측기다. 포토게이트 계시기에 비하여 측정 모드가 많고 보다 향상된 메모리 기능이 있으나 시간 측정 방식이 포토게이트 계시기와는 다르므로 사용하기 전에 계시기의 특성 및 사용법을 잘 익혀야 한다.

그림 E.1 스마트 계시기

## 2. 작동 방법

01. 포토게이트 또는 시간을 측정하고자 하는 장치의 플러그(1/4인치)를 1번 입력 채널이나 2번 입력 채널에 끼운다.

02. 직류 9 V 전원 어댑터의 플러그를 계시기 옆면에 있는 전원잭에 끼운다.

**03.** 포토게이트 또는 시간을 측정하고자 하는 장치를 올바른 위치에 고정시킨다.

**04.** 전원 스위치를 ON에 두면 beep음과 함께 액정 화면에 문자가 나타난다.

> ‖ 스마트 계시기의 세팅은 다음 세 단계로 이루어진다.
> a. Select Measurement 키를 눌러서 측정하고자 하는 측정 종류를 택한다.
> b. Select Mode 키를 눌러서 측정 모드를 선택한다.
> c. Start/Stop 키를 누르면 beep음이 들리면서 *표가 화면의 두 번째 줄에 나타난다. 대부분의 모드에서 *표는 스마트 계시기가 측정 대기 상태에 있음을 나타낸다.

**05.** 측정이 완료되면 다시 beep음이 들리면서 *표가 사라지고 결괏값이 화면에 표시된다. 측정이 시작되기 전에 측정 종류 또는 모드를 변경하고 싶으면 Start/Stop 키를 다시 눌러 *표가 사라지도록 한다.

## 3. 시간의 측정

스마트 계시기와 포토게이트 계시기의 가장 큰 차이점은 포토게이트를 사용할 때 시간을 측정하는 방식의 차이에 있다. 포토게이트 계시기는 물체가 포토게이트의 빛 경로를 차단하는 시간을 측정하는 반면 스마트 계시기는 물체가 빛의 경로를 처음 차단하는 순간에 시간을 읽기 시작하여 빛의 경로를 한 번 열어준 후 경로를 다시 차단할 때 시간측정을 종료한다. 스마트 계시기로 가능한 측정 모드는 18가지로서 Time, Speed, Acceleration, Counts, Test 5개 종류의 측정그룹으로 나눠져 있다. 이 측정그룹 중 Time, 즉 시간 측정에 관한 모드의 사용법을 아래에 설명한다. 설명 뒤에는 빛이 차단되고 개방됨에 따라 측정되는 시간의 구간이 어떻게 되는가를 그림 E.2에 나타냈다.

① **One Gate** : 이 모드에서는 포토게이트의 빛이 한 번 차단된 후 다시 차단될 때까지의 시간을 측정한다. 이 모드는 한 개의 물체가 포토게이트를 지나는 시간을 측정하여 속도를 구하는 데 사용될 수 있다. 이때 물체가 포토게이트를 지나는 동안 빛을 차단했다가 열어준 후 다시 차단하는 보조 장치(예 : picket fence)를 물체에 부착해야 한다.

② **Fence** : 이 모드에서는 여러 개의 시간 차이를 연속적으로 측정할 수 있다. 물체가 연속적으로 지나갈 경우 처음 차단할 때 시간을 읽기 시작하여 다음 차단할 때까지의 시간을 연속적으로 측정하여 기억한다. 스마트 계시기는 10개의 시간을 기억할 수 있으며 Select Measurement나 Select Mode 키를 눌러서 기억된 시간들을 불러낸다. 10개의 측정이 끝나면 자동으로 측정이 종료되어 측정시간이 화면에 나타나며 10개의 측정이 끝나기 전에는 Start/Stop 키를 눌러서 측정을 중지시킬 수 있다.

③ **Two Gates** : 이 모드에서는 두 개의 포토게이트를 사용해야 하며 물체가 각각의 포토게이트를 차단하는 시간 차이를 측정한다. 물체가 먼저 지나가는 포토게이트를 1번 입력 채널에 그리고 나중에 지나가는 포토게이트는 2번 입력 채널에 접속해야 한다.

④ **Pendulum** : 흔들리는 진자의 주기 측정에 사용된다. 진자가 처음 포토게이트를 지날 때 시간 측정

이 시작되며 진자가 두 번째로 지난 후 즉 되돌아 나올 때는 무시되었다가 다시 포토게이트를 지날 때 시간 측정이 완료된다.

⑤ Stopwatch : 이 모드는 일반 초시계처럼 사용할 수도 있으며 또한 자유 낙하 장치나 레이저 스위치 같은 장치에 사용하여 두 사건 사이의 시간 간격을 측정할 수도 있다.

- 초시계로 사용할 경우 : Stopwatch 모드를 선택한 후 Start/Stop 키를 누르면 beep음이 들리면서 *표시가 화면의 두 번째 줄에 나타난다. 다시 Start/Stop 키를 누르면 시간 측정이 시작되고 Start/Stop 키를 한 번 더 누르면 시간 측정이 중지되면서 경과시간이 화면에 표시된다.

- 다른 장치와 함께 사용될 경우 : 장치를 1번 입력 채널 또는 2번 입력 채널에 연결한다. Stopwatch 모드를 선택한 후 Start/Stop 키를 누르면 beep음이 들리면서 *표시가 화면의 두 번째 줄에 나타난다. 이때부터 연결된 장치에 전원이 공급되기 시작한다. 레이저 스위치의 경우 빛을 차단한 후 개방하고 자유 낙하 장치의 경우 구슬을 낙하시키면 경과한 시간이 측정되어 화면에 표시된다.

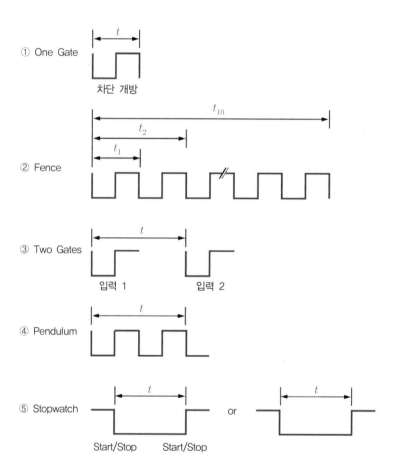

그림 E.2  스마트 계시기의 시간 측정 도표

# 단위 환산표, 기본 물리 상수, 물질의 물리적 성질

## 1. 단위 환산표

### 표 F.1 길이

|  | m | 자 | 리 | ft | mile | nmile(해리) |
|---|---|---|---|---|---|---|
| m | 1 | 3.3 | $2.5463\times10^{-3}$ | 3.2808 | $6.2137\times10^{-4}$ | $5.3996\times10^{-4}$ |
| 자 | $3.0303\times10^{-1}$ | 1 | $7.7160\times10^{-5}$ | $9.9419\times10^{-1}$ | $1.8829\times10^{-4}$ | $1.6362\times10^{-4}$ |
| 리 | $3.9273\times10^{2}$ | $1.296\times10^{4}$ | 1 | $1.2885\times10^{4}$ | 2.4403 | 2.1206 |
| ft | $3.048\times10^{-1}$ | 1.0058 | $7.7611\times10^{-5}$ | 1 | $1.8939\times10^{-4}$ | $1.6458\times10^{-4}$ |
| mile | $1.6093\times10^{3}$ | $5.3108\times10^{3}$ | $4.0979\times10^{-1}$ | $5.2800\times10^{3}$ | 1 | $8.6898\times10^{-1}$ |
| nmile(해리) | $1.852\times10^{3}$ | $6.1116\times10^{3}$ | $4.7157\times10^{-1}$ | $6.0761\times10^{3}$ | 1.1508 | 1 |

1 in = 0.0254 m    1 ft = 12 in    1 yd = 3 ft    1 mile = 1760 yd
1자 = 10/33 m    1자 = 10치    1간 = 6자    1정 = 60간

### 표 F.2 넓이

|  | $m^2$ | 평 | 정보 | $yd^2$ | acre | $mile^2$ |
|---|---|---|---|---|---|---|
| $m^2$ | 1 | $3.025\times10^{-1}$ | $1.0083\times10^{-4}$ | 1.1960 | $2.4711\times10^{-4}$ | $3.8610\times10^{-7}$ |
| 평 | 3.3058 | 1 | $3.3333\times10^{-4}$ | 3.9537 | $8.1688\times10^{-4}$ | $1.2764\times10^{-6}$ |
| 정보 | $9.9174\times10^{3}$ | $3\times10^{3}$ | 1 | $1.1861\times10^{4}$ | 2.4506 | $3.8291\times10^{-3}$ |
| $yd^2$ | $8.3613\times10^{-1}$ | $2.5293\times10^{-1}$ | $8.4310\times10^{-5}$ | 1 | $2.0661\times10^{-4}$ | $3.2283\times10^{-7}$ |
| acre | $4.0469\times10^{3}$ | $1.2242\times10^{3}$ | $4.0806\times10^{-1}$ | $4.84\times10^{3}$ | 1 | $1.5625\times10^{-3}$ |
| $mile^2$ | $2.5900\times10^{6}$ | $7.8347\times10^{5}$ | $2.6116\times10^{2}$ | $3.0976\times10^{6}$ | $6.4\times10^{2}$ | 1 |

1 a = 100 $m^2$    1 ha = 10,000 $m^2$
1평 = 36제곱자 = 400/121 $m^2$    1정보 = 3,000평
1 acre = 4,840 $yd^2$    1 $mile^2$ = 640 acre

### 표 F.3 부피

|  | $m^3$ | $l$ | 되 | $in^3$ | gallon(미) | gallon(영) |
|---|---|---|---|---|---|---|
| $m^3$ | 1 | $1\times10^{3}$ | $5.5435\times10^{2}$ | $6.1024\times10^{4}$ | $2.6417\times10^{2}$ | $2.1997\times10^{2}$ |
| $l$ | $1\times10^{-3}$ | 1 | $5.5435\times10^{-1}$ | $6.1024\times10$ | $2.6417\times10^{-1}$ | $2.1997\times10^{-1}$ |
| 되 | $1.8039\times10^{-3}$ | 1.8039 | 1 | $1.1008\times10^{2}$ | $4.7654\times10^{-1}$ | $3.9680\times10^{-1}$ |
| $in^3$ | $1.6387\times10^{-5}$ | $1.6387\times10^{-2}$ | $9.0842\times10^{-3}$ | 1 | $4.3290\times10^{-3}$ | $3.6046\times10^{-1}$ |
| gallon(미) | $3.7854\times10^{-3}$ | 3.7854 | 2.0985 | $2.31\times10^{2}$ | 1 | $8.3267\times10^{-1}$ |
| gallon(영) | $4.5461\times10^{-3}$ | 4.5461 | 2.5201 | $2.7742\times10^{2}$ | 1.2010 | 1 |

1말 = 10되 = 100홉 = 1,000작

### 표 F.4 질량

| | kg | 근 | 관 | lb(파운드) | 톤(미) | 톤(영) |
|---|---|---|---|---|---|---|
| kg | 1 | 1.6667 | $2.6667 \times 10^{-1}$ | 2.2046 | $1.1023 \times 10^{-3}$ | $9.8421 \times 10^{-4}$ |
| 근 | $6 \times 10^{-1}$ | 1 | $1.6 \times 10^{-1}$ | 1.3228 | $6.6139 \times 10^{-4}$ | $5.9052 \times 10^{-4}$ |
| 관 | 3.75 | 6.25 | 1 | 8.2673 | $4.1337 \times 10^{-3}$ | $3.6908 \times 10^{-3}$ |
| lb(파운드) | $4.5359 \times 10^{-1}$ | $7.5599 \times 10^{-1}$ | $1.2096 \times 10^{-1}$ | 1 | $5 \times 10^{-4}$ | $4.4643 \times 10^{-4}$ |
| 톤(미)* | $9.0718 \times 10^{2}$ | $1.5120 \times 10^{3}$ | $2.4192 \times 10^{2}$ | $2 \times 10^{3}$ | 1 | $8.9286 \times 10^{-1}$ |
| 톤(영)* | $1.0160 \times 10^{3}$ | $1.6934 \times 10^{3}$ | $2.7095 \times 10^{2}$ | $2.24 \times 10^{3}$ | 1.12 | 1 |

1관 = 3.75 kg                          1관 = 6.25근
1근 = 0.6 kg                          1파운드(lb) = 0.453599 kg

\* 표에 있는 톤은 미국과 영국에서 야드-파운드법에 따라 사용되는 톤을 말함. 미터법에서 1톤은 1,000 kg을 나타냄

### 표 F.5 에너지

| | J, Nm | kWh | kgf·m | kcal | 마력·시 | Btu |
|---|---|---|---|---|---|---|
| J, Nm | 1 | $2.7778 \times 10^{-7}$ | $1.0197 \times 10^{-1}$ | $2.3885 \times 10^{-4}$ | $3.7767 \times 10^{-7}$ | $9.4782 \times 10^{-4}$ |
| kWh | $3.6 \times 10^{6}$ | 1 | $3.6710 \times 10^{5}$ | $8.5985 \times 10^{2}$ | 1.3596 | $3.4121 \times 10^{3}$ |
| kgf·m | 9.8066 | $2.7241 \times 10^{-6}$ | 1 | $2.3423 \times 10^{-3}$ | $3.7037 \times 10^{-6}$ | $9.2949 \times 10^{-3}$ |
| kcal | $4.1868 \times 10^{3}$ | $1.1630 \times 10^{-3}$ | $4.2694 \times 10^{2}$ | 1 | $1.5812 \times 10^{-3}$ | 3.9683 |
| 마력·시 | $2.6478 \times 10^{6}$ | $7.3550 \times 10^{-1}$ | $2.7000 \times 10^{5}$ | $6.3242 \times 10^{2}$ | 1 | $2.5096 \times 10^{3}$ |
| Btu | $1.0551 \times 10^{3}$ | $2.9307 \times 10^{-4}$ | $1.0759 \times 10^{2}$ | $2.5200 \times 10^{-1}$ | $3.9847 \times 10^{-4}$ | 1 |

(불)마력·시 : (metric) horsepower·hour
Btu : British thermal unit

### 표 F.6 일률

| | W | kgf·m/s | kcal/s | cal/h | (불)마력 | Btu/h |
|---|---|---|---|---|---|---|
| W | 1 | $1.0197 \times 10^{-1}$ | $2.3885 \times 10^{-4}$ | $8.5985 \times 10^{-1}$ | $1.3596 \times 10^{-3}$ | 3.4121 |
| kgf·m/s | 9.8066 | 1 | $2.3423 \times 10^{-3}$ | 8.4322 | $1.3333 \times 10^{-2}$ | $3.3462 \times 10$ |
| kcal/s | $4.1868 \times 10^{3}$ | $4.2694 \times 10^{2}$ | 1 | $3.6 \times 10^{3}$ | 5.6925 | $1.4286 \times 10^{4}$ |
| cal/h | 1.163 | $1.1859 \times 10^{-1}$ | $2.7778 \times 10^{-4}$ | 1 | $1.5812 \times 10^{-3}$ | 3.9683 |
| (불)마력 | $7.3550 \times 10^{2}$ | $7.5000 \times 10$ | $1.7567 \times 10^{-1}$ | $6.3242 \times 10^{2}$ | 1 | $2.5096 \times 10^{3}$ |
| Btu/h | $2.9307 \times 10^{-1}$ | $2.9885 \times 10^{-2}$ | $6.9999 \times 10^{-5}$ | $2.5200 \times 10^{-1}$ | $3.9847 \times 10^{-4}$ | 1 |

(불)마력 = 735.5W
(영)마력 = 764W

### 표 F.7 압력

| | Pa | bar | kgf/cm$^2$ | torr[mmHg] | atm | 1bf/in$^2$[psi] |
|---|---|---|---|---|---|---|
| Pa | 1 | $1 \times 10^{-5}$ | $1.0197 \times 10^{-5}$ | $7.5006 \times 10^{-3}$ | $9.8692 \times 10^{-6}$ | $1.4504 \times 10^{-4}$ |
| bar | $1 \times 10^{5}$ | 1 | 1.0197 | $7.5006 \times 10^{2}$ | $9.8692 \times 10^{-1}$ | $1.4504 \times 10$ |
| kgf/cm$^2$ | $9.8066 \times 10^{4}$ | $9.8066 \times 10^{-1}$ | 1 | $7.3556 \times 10^{2}$ | $9.6784 \times 10^{-1}$ | $1.4223 \times 10$ |
| torr(mmHg) | $1.3332 \times 10^{2}$ | $1.3332 \times 10^{-3}$ | $1.3595 \times 10^{-3}$ | 1 | $1.3158 \times 10^{-3}$ | $1.9337 \times 10^{-2}$ |
| atm | $1.0132 \times 10^{5}$ | 1.0132 | 1.0332 | $7.60 \times 10^{2}$ | 1 | $1.4696 \times 10$ |
| 1bf/in$^2$(psi) | $6.8948 \times 10^{3}$ | $6.8948 \times 10^{-2}$ | $7.0307 \times 10^{-2}$ | $5.1715 \times 10$ | $6.8046 \times 10^{-2}$ | 1 |

# 2. 기본 물리 상수

**표 F.8  기본 물리 상수**

| | 물리량 | 기호 | 값 | 단위 |
|---|---|---|---|---|
| 일반 | 광속 | $c$ | $2.99792458 \times 10^8$ | $ms^{-1}$ |
| | 진공투자율 | $\mu_0$ | $1.25663706212(19) \times 10^{-6}$ | $NA^{-2}$ |
| | 진공유전율 | $\varepsilon_0 = 1/\mu_0 c^2$ | $8.8541878128(13) \times 10^{-12}$ | $Fm^{-1}$ |
| | 플랑크 상수 | $h$ | $6.62607015 \times 10^{-34}$ | $JHz^{-1}$ |
| | | $\hbar = h/2\pi$ | $1.054571817... \times 10^{-34}$ | $Js$ |
| | 기본 전하량 | $e$ | $1.602176634 \times 10^{-19}$ | $C$ |
| | 아보가드로 수 | $N_A$ | $6.02214076 \times 10^{23}$ | $mol^{-1}$ |
| | 원자질량단위 $(1u = \frac{1}{12}m_{^{12}C})$ | $u$ | $1.66053906660(50) \times 10^{-27}$ | $kg$ |
| | | | $931.49410242(28)$ | $MeV/c^2$ |
| | 전자 질량 | $m_e$ | $9.1093837015(28) \times 10^{-31}$ | $kg$ |
| | | | $0.510998950(15)$ | $MeV/c^2$ |
| | 양성자 질량 | $m_p$ | $1.67262192369(51) \times 10^{-27}$ | $kg$ |
| | | | $938.27208816(29)$ | $MeV/c^2$ |
| | 중성자 질량 | $m_n$ | $1.67492749804(95) \times 10^{-27}$ | $kg$ |
| | | | $939.56542052(54)$ | $MeV/c^2$ |
| | 뉴턴 중력상수 | $G$ | $6.67430(15) \times 10^{-11}$ | $m^3kg^{-1}s^{-2}$ |
| 열 | 볼츠만 상수 | $k$ | $1.380649 \times 10^{-23}$ | $JK^{-1}$ |
| | 몰 기체 상수 | $R = N_A k$ | $8.314462618...$ | $Jmol^{-1}K^{-1}$ |
| | 이상기체의 몰 부피 (273.15 K, 101.325 kPa) | $V_m$ | $22.41396954... \times 10^{-3}$ | $m^3mol^{-1}$ |

\* 괄호 안의 숫자는 불확도를 나타냄. 불확도가 없는 상수는 협정 참값임
\* 출처 : 2018 CODATA

# 3. 물질의 물리적 성질

**표 F.9 액체의 물리적 성질**

| 물질명 | 화학식 | 밀도 (20°C) g/cm³ | 점성계수 (20°C) $10^{-3}$N·s/m²=cP | 표면장력 (20°C) dyn/cm $10^{-3}$N/m | 체적팽창계수 (20~100°C) $10^{-3}$K⁻¹ | 비열 (20~100°C) kJ/kgK | cal/g·K | 열전도도 (20°C) W/mK | $10^{-4}$cal /cm·s·K | 녹는점 °C | 끓는점 °C | 비유전율 | 굴절률 (589 nm) |
|---|---|---|---|---|---|---|---|---|---|---|---|---|---|
| 아세톤 | $(CH_3)_2CO$ | 0.791 | 0.337 | 23.3 | 1.43 | 2.17 | 0.52 | 0.180 | 4.31 | −96 | 57 | 21.5 | 1.359 |
| 아닐린 | $C_6H_5NH_2$ | 1.030 | 4.6 | 43 | 0.85 | 2.05 | 0.49 | 0.17 | 4.1 | −6 | 184 | 7.0 | 1.586 |
| 에틸알코올 | $C_2H_5OH$ | 0.791 | 1.25 | 22 | 1.10 | 2.42 | 0.58 | 0.181 | 4.33 | −115 | 78 | 26 | 1.360 |
| 에틸에테르 | $(C_2H_5)_2O$ | 0.716 | 0.238 | 17 | 1.62 | 2.30 | 0.55 | 0.138 | 3.30 | −116 | 35 | 4.3 | 1.353 |
| 올리브유 | − | 0.915 | 90 | 32 | 0.72 | 1.67 | 0.40 | 0.167 | 4.0 | −6 | 300 | 3.1 | 1.47 |
| 에틸렌글리콜 | $(CH_2OH)_2$ | 1.116 | 16.1 | 48 | 0.57 | 2.43 | 0.58 | 0.250 | 6.0 | −13 | 197 | 41 | 1.427 |
| 글리세린 | $C_3H_5(OH)_3$ | 1.270 | 1500 | 63 | 0.505 | 2.43 | 0.58 | 0.285 | 6.81 | 18 | 290 | 42.5 | 1.473 |
| 클로로포름 | $CHCl_3$ | 1.498 | 0.58 | 27 | 1.27 | 0.96 | 0.23 | 0.121 | 2.9 | −64 | 61 | 5.5 | 1.49 |
| 초산에틸 | $CH_3COOC_2H_5$ | 0.900 | 0.424 | 23 | 1.35 | 2.01 | 0.48 | 0.15 | 3.6 | −84 | 77 | 6.1 | 1.372 |
| 사염화탄소 | $CCl_4$ | 1.596 | 1.01 | 26 | 1.22 | 0.84 | 0.20 | 0.10 | 2.5 | −23 | 77 | 2.2 | 1.463 |
| 브롬 | $Br_2$ | 3.12 | 1.02 | 44 | 1.12 | 0.95 | 0.23 | 0.122 | 2.9 | −7 | 59 | 3.2 | 1.661 |
| 수은 | $Hg$ | 13.55 | 1.57 | 484 | 0.181 | 0.147 | 0.035 | 8.3 | 250 | −39 | 357 | − | − |
| 트리클로로에틸렌 | $C_2HCl_3$ | 1.480 | 0.53 | 29 | 1.19 | 0.96 | 0.23 | 0.121 | 2.9 | −73 | 87 | 3.4 | 1.481 |
| 톨루엔 | $C_6H_5CH_3$ | 0.87 | 0.6 | 29 | 1.09 | 1.72 | 0.41 | 0.15 | 3.6 | −95 | 111 | 2.4 | 1.496 |
| 니트로벤젠 | $C_6H_5NO_2$ | 1.211 | 2.03 | 44 | 0.83 | 1.47 | 0.35 | 0.163 | 3.90 | 5.7 | 210 | 36 | 1.553 |
| 이황화탄소 | $CS_2$ | 1.261 | 0.38 | 32 | 1.22 | 1.00 | 0.24 | 0.143 | 3.42 | −112 | 46 | 2.6 | 1.628 |
| 벤젠 | $C_6H_6$ | 0.881 | 0.673 | 29 | 1.15 | 1.71 | 0.41 | 0.139 | 3.33 | 5.5 | 80 | 2.3 | 1.501 |
| 물 | $H_2O$ | 0.999 | 1.005 | 73 | 0.18 | 4.18 | 0.999 | 0.560 | 13.4 | 0 | 100 | 81 | 1.333 |
| 메틸알코올 | $CH_3OH$ | 0.793 | 0.60 | 23 | 1.20 | 2.48 | 0.58 | 0.21 | 5.0 | −98 | 65 | 32 | 1.331 |
| 황산 | $H_2SO_4$ | 1.85 | 28 | 55 | 0.56 | 1.38 | 0.33 | 0.26 | 6.2 | 10 | 329 | 100 | 1.427 |

표 F.10 기체의 물리적 성질

| 물질명 | 화학식 | 밀도 (20°C) kg/m³ | 점성계수 (0°C) 10⁻⁶ N·s/ m² = 10⁻³cP | 비열(0°C)Cp | | | 녹는점 °C | 녹음열 kJ/kg | 끓는점 °C | 기화열 MJ/kg | 임계 온도 °C | 임계압 100 kPa＝bar | 열전도도 | |
|---|---|---|---|---|---|---|---|---|---|---|---|---|---|---|
| | | | | kJ/kgK | cal/gK | Cp/Cv | | | | | | | W/ m·K | 10⁻³cal/ cm·s·K |
| 아세틸렌 | $C_2H_2$ | 1.171 | 10.2 | 1.68 | 0.402 | 1.26 | −82 | 53.5 | −84 | 0.69 | 36 | 63 | 0.019 | 0.046 |
| 아르곤 | Ar | 1.784 | 21.2 | 0.52 | 0.125 | 1.66 | −189 | 29 | −186 | 0.16 | −122 | 49 | 0.016 | 0.038 |
| 암모니아 | $NH_3$ | 0.771 | 9.3 | 2.06 | 0.492 | 1.32 | −78 | 332 | −33 | 1.37 | 132 | 119 | 0.022 | 0.053 |
| 일산화탄소 | CO | 1.250 | 16.4 | 1.05 | 0.250 | 1.40 | −205 | 29 | −192 | 0.21 | −139 | 36 | 0.023 | 0.055 |
| 일산화질소 | NO | 1.340 | 18.0 | 1.00 | 0.239 | 1.40 | −164 | 77 | −152 | 0.46 | −93 | 65 | 0.024 | 0.058 |
| 에탄 | $C_2H_6$ | 1.356 | 8.6 | 1.72 | 0.411 | 1.22 | −184 | 95 | −89 | 0.49 | 32 | 49 | 0.018 | 0.043 |
| 에틸렌 | $C_2H_4$ | 1.260 | 9.6 | 1.50 | 0.36 | 1.24 | −169 | 105 | −104 | 0.48 | 10 | 51 | 0.017 | 0.041 |
| 염산 | HCl | 1.639 | 13.8 | 0.81 | 0.194 | 1.41 | −115 | 55 | −84 | 0.44 | 52 | 82 | 0.015 | 0.036 |
| 염소 | $Cl_2$ | 3.214 | 12.3 | 0.49 | 0.117 | 1.36 | −102 | 90 | −34 | 0.29 | 144 | 84 | 0.0076 | 0.018 |
| 오존 | $O_3$ | 2.22 | − | 0.81 | 0.194 | 1.29 | −193 | − | −112 | 0.25 | −5 | 70 | − | − |
| 공기 | − | 1.293 | 17.1 | 1.00 | 0.241 | 1.40 | −213 | − | −195 | 0.21 | −141 | 38 | 0.024 | 0.058 |
| 산소 | $O_2$ | 1.429 | 19.4 | 0.92 | 0.219 | 1.40 | −218 | 14 | −183 | 0.21 | −119 | 51 | 0.025 | 0.060 |
| 중수소 | $D_2$ | 0.180 | 11.9 | − | − | 1.73 | −255 | 49 | −250 | 0.31 | −235 | 17 | 0.13 | 0.312 |
| 수소 | $H_2$ | 0.0899 | 8.5 | 14.3 | 3.41 | 1.41 | −259 | 59 | −253 | 0.45 | −230 | 20 | 0.168 | 0.403 |
| 질소 | $N_2$ | 1.250 | 16.7 | 1.04 | 0.249 | 1.40 | −210 | 26 | −196 | 0.20 | −147 | 33 | 0.024 | 0.058 |
| 이산화황 | $SO_2$ | 2.926 | 11.7 | 0.64 | 0.152 | 1.27 | −73 | − | −10 | 0.39 | 158 | 78 | 0.0081 | 0.019 |
| 이산화탄소 | $CO_2$ | 1.977 | 13.9 | 0.82 | 0.196 | 1.31 | −57 | 181 | −78.5 | 0.57 | 31 | 73 | 0.014 | 0.034 |
| 네온 | Ne | 0.900 | 29.8 | 1.03 | 0.246 | 1.64 | −249 | 17 | −216 | 0.13 | −229 | 27 | 0.046 | 0.110 |
| 불소 | $F_2$ | 1.695 | − | 0.75 | 0.179 | 1.35 | −223 | 13.4 | −188 | 0.17 | −129 | 57 | 0.028 | 0.067 |
| 프로판 | $C_3H_8$ | 2.02 | 7.5 | 1.70 | 0.408 | 1.13 | −190 | 95 | −42 | 0.43 | 97 | 42 | 0.015 | 0.036 |
| 헬륨 | He | 0.178 | 18.6 | 5.1 | 1.25 | 1.66 | −272.2 | − | −268.9 | 0.021 | −267.9 | 2.3 | 0.144 | 0.346 |
| 메탄 | $CH_4$ | 0.717 | 10.2 | 2.21 | 0.527 | 1.31 | −183 | 109 | −161 | 0.51 | −83 | 46 | 0.030 | 0.072 |
| 황화수소 | $H_2S$ | 1.539 | 11.6 | 1.05 | 0.250 | 1.32 | −83 | 70 | −61 | 0.55 | 100 | 89 | 0.013 | 0.031 |

표 F.11 금속의 물리적 성질

| 원자번호 와 원소기호 | 원소명 (물질명) | 밀도 (20℃) g/cm³ | 탄성률 (Young률) 10¹⁰N/m² =10¹¹dyn /cm² | 음속 (막대종파 속도) m/s | 선팽창 계수 (0~100℃) 10⁻⁵/K | 비열 | | 녹는점 ℃ | 녹음열 | | 열전도도(20℃) | | 비저항 (20℃) 10⁻² Ωmm²/ m |
|---|---|---|---|---|---|---|---|---|---|---|---|---|---|
| | | | | | | kJ/kgK | cal/gK | | kJ/kg | cal/g | 10² W/ mK | cal/cm · s · K | |
| 30 Zn | 아연 | 7.14 | 10.8 | 3850 | 3.0 | 0.39 | 0.092 | 419 | 112 | 27 | 1.1 | 0.26 | 5.8 |
| 13 Al | 알루 미늄 | 2.70 | 7.0 | 5000 | 2.3 | 0.90 | 0.21 | 660 | 390 | 93 | 2.4 | 0.58 | 2.7 |
| 51 Sb | 안티몬 | 6.67 | 5.5 | 3420 | 1.1 | 0.21 | 0.050 | 630 | 163 | 39 | 0.24 | 0.058 | 41.7 |
| 92 U | 우라늄 | 18.7 | 20.8 | 3155 | 1.4 | 0.12 | 0.028 | 1132 | 38 | 9 | 0.28 | 0.07 | 28 |
| 48 Cd | 카드뮴 | 8.64 | 5.0 | 2310 | 3.2 | 0.23 | 0.055 | 321 | 57 | 13.7 | 0.97 | 0.23 | 7.27 |
| 20 Ca | 칼슘 | 1.55 | 2.0 | 3810 | 2.2 | 0.65 | 0.16 | 842 | 328 | 79 | 0.2 | 0.05 | 3.4 |
| 79 Au | 금 | 19.3 | 7.8 | 2030 | 1.4 | 0.13 | 0.031 | 1064 | 66 | 15.8 | 3.2 | 0.77 | 2.21 |
| 47 Ag | 은 | 10.50 | 8.3 | 2680 | 1.9 | 0.23 | 0.056 | 962 | 105 | 25 | 4.2 | 1.01 | 1.59 |
| 24 Cr | 크롬 | 7.19 | 27.9 | 5940 | 0.5 | 0.45 | 0.11 | 1907 | 404 | 97 | 0.94 | 0.23 | 12.5 |
| 27 Co | 코발트 | 8.9 | 21 | 4720 | 1.3 | 0.42 | 0.10 | 1495 | 260 | 62 | 1.0 | 0.24 | 6.24 |
| 80 Hg | 수은 | 13.53 | – | 1451 (체적파) | 18 (체팽창) | 0.14 | 0.033 | −38.9 | 11.7 | 2.8 | 0.08 | 0.02 | 96 |
| 50 Sn | 주석 | 7.37 | 5.0 | 2730 | 2.2 | 0.23 | 0.054 | 232 | 59 | 14 | 0.65 | 0.16 | 11.5 |
| 74 W | 텅스텐 | 19.3 | 41 | 4290 | 0.45 | 0.13 | 0.032 | 3422 | 285 | 68 | 1.7 | 0.41 | 5.28 |
| 73 Ta | 탄탈 | 16.7 | 19 | 3400 | 0.63 | 0.14 | 0.033 | 3017 | 202 | 48 | 0.58 | 0.14 | 13.1 |
| 26 Fe | 철 | 7.87 | 21 | 5120 | 1.2 | 0.45 | 0.107 | 1538 | 276 | 66 | 0.80 | 0.19 | 9.6 |
| 29 Cu | 구리 | 8.96 | 12 | 3810 | 1.65 | 0.39 | 0.092 | 1085 | 205 | 49 | 4.0 | 0.96 | 1.68 |
| 11 Na | 나트륨 | 0.97 | 1.0 | 3200 | 7.1 | 1.23 | 0.30 | 98 | 115 | 27 | 1.4 | 0.34 | 4.8 |
| 82 Pb | 납 | 11.34 | 1.6 | 1190 | 2.9 | 0.13 | 0.031 | 327 | 24.7 | 5.9 | 0.35 | 0.08 | 20.8 |
| 28 Ni | 니켈 | 8.9 | 20 | 4900 | 1.3 | 0.44 | 0.106 | 1455 | 300 | 72 | 0.91 | 0.22 | 6.9 |
| 78 Pt | 백금 | 21.45 | 16.8 | 2800 | 0.88 | 0.13 | 0.032 | 1768 | 110 | 26 | 0.71 | 0.17 | 10.5 |
| 83 Bi | 비스 무트 | 9.8 | 3.2 | 1790 | 1.3 | 0.12 | 0.029 | 271 | 54 | 14 | 0.08 | 0.02 | 129 |
| 4 Be | 베릴륨 | 1.85 | 29 | 12870 | 1.1 | 1.8 | 0.43 | 1278 | 876 | 210 | 2.0 | 0.48 | 3.0 |
| 12 Mg | 마그 네슘 | 1.74 | 4.5 | 4940 | 2.5 | 1.02 | 0.25 | 650 | 209 | 50 | 1.56 | 0.37 | 4.4 |
| 42 Mo | 몰리 브덴 | 10.3 | 32.9 | 5400 | 0.48 | 0.25 | 0.06 | 2623 | 390 | 94 | 1.4 | 0.33 | 5.3 |

일반 물리학 실험

| 물질명 | 밀도 (20°C) g/cm³ | 탄성률 (Young률) $10^{10}$ N/m² =$10^{11}$dyn /cm² | 음속 (막대종파 속도) m/s | 선팽창 계수 (0~100°C) $10^{-5}$/K | 비열 kJ/kgK | 비열 cal/gK | 녹는점 °C | 열전도도(20°C) $10^2$ W/ mK | 열전도도 cal/cm· s·K | 성분(중량비) |
|---|---|---|---|---|---|---|---|---|---|---|
| 알루미늄청동 | 8.1 | 12 | – | 1.8 | 0.42 | 0.10 | 1060 | 0.84 | 0.20 | 94.6Cu : 5Al : 0.4Mn |
| 두랄루민 | 2.8 | 7.2 | 5120 | 2.4 | 0.93 | 0.22 | ≈650 | 1.6 | 0.38 | 3~4Cu : 0.5.Mg : 0.25~1 Mn : 나머지 Al |
| 주철 | 7.2~5.7 | 10 | 4477 | 1.1 | 0.50 | 0.12 | ≈1200 | 0.3~ 0.5 | 0.07~ 0.12 | 4C까지 |
| 인바(invar) | 8.1 | 14.5 | 4216 | 0.20 | 0.50 | 0.12 | 1450 | 0.16 | 0.039 | 64Fe : 36Ni |
| 놋쇠(황동) | 8.4 | 10.5 | 3451 | 2.1 | 0.38 | 0.091 | 915 | 1.15 | 0.27 | 63Cu : 37Zn |
| 양은 | 8.7 | 12~15 | – | 1.7 | 0.40 | 0.096 | 1100 | 0.23 | 0.055 | 60Cu : 18Ni : 22Zn |
| 연철 | 7.6 | 22 | 5189 | – | – | – | – | 0.6 | 0.14 | 0.04~0.4C |
| 강철 | 7.8 | 20 | 5116 | 1.15 | 0.46 | 0.11 | ≈1350 | ≈0.45 | ≈0.11 | 0.85C |
| 포금 | 8.9 | 10~12 | – | 1.9 | 0.38 | 0.091 | 1010 | 0.46 | 0.11 | 90.75Cu : 8Sn : 0.25P |

**표 F.13 비금속 재료의 물리적 성질**

| 물질명 | 밀도 (20℃) g/cm³ | 탄성률 $10^{10}$N/m² = $10^{11}$dyn/cm² Young률 | 체적 탄성률 | 음속 (막대종파) 속도 m/s | 선팽창 계수 (0~100℃) $10^{-5}$/K | 비열 (20~100℃) kJ/kgK | cal/g·K | 녹는점 ℃ | 녹음열 kJ/kg | 열전도도 (20℃) W/mK |
|---|---|---|---|---|---|---|---|---|---|---|
| 황(단사정계) | 1.96 | – | 0.8 | – | 12 | 0.74 | 0.177 | 115 | 46 | 0.20 |
| 셀레늄 | 4.8 | 1.0 | 0.8 | 3350 | 0.37 | 0.32 | 0.077 | 221 | 85 | 0.52 |
| 탄소(흑연) | 2.22 | – | 3.3 | – | 0.2 | 0.69 | 0.165 | 3550 | 17000 | 160 |
| 탄소(다이아몬드) | 3.51 | – | 54.2 | – | 0.13 | 0.49 | 0.117 | 〉3600 | 17000 | 165 |
| 인(황린) | 1.83 | – | 1.1 | – | 12.4 | 0.79 | 0.181 | 44 | 22 | 0.236 |
| 석면 | 0.58 | – | – | – | – | 0.81 | 0.201 | – | – | 0.20 |
| 운모 | 2.8 | 16~21 | – | – | 0.3 | 0.88 | 0.210 | – | – | 0.35~0.60 |
| 화강암 | 2.7 | 5 | – | 4000 | 0.83 | 0.80 | 0.191 | – | – | 3.5 |
| 콘크리트(건조) | 1.5~2.4 | 2~4 | – | 3900~4700 (체적파) | ≃1.2 | 0.90 | 0.215 | – | – | 1.6~1.8 |
| 석회암 | 2.6 | – | – | 3100~6100 (체적파) | – | 0.84 | 0.201 | – | – | 0.7~0.9 |
| 대리석 | 2.7 | 3.5~5 | – | 3810 | 1.2 | 0.88 | 0.210 | – | – | 21.~3.5 |
| 용융석영 | 2.2 | 7.3 | 3.7 | 5760 | 0.04 | 0.71 | 0.170 | – | – | 0.22 |
| 벽돌 | 1.8 | – | – | 3650 | – | 0.75 | 0.179 | – | – | 0.6 |
| 에보나이트 | 1.15 | – | – | 2500 (체적파) | 8.5 | 1.67 | 0.399 | – | – | 0.17 |
| 유리(창유리) | 2.5 | 4.5~10 | – | 4000~5000 | 0.8 | 0.84 | 0.201 | – | – | 0.9 |
| 사기 | 2.3~2.5 | 7~8 | – | – | 0.2~0.5 | 0.8 | 0.191 | ≃1600 | – | 1.0 |
| 스테아타이트 사기 | 2.6~2.8 | – | – | – | 0.7~0.9 | 1.3 | 0.311 | – | – | 2.3 |
| 셀룰로이드 | 1.4 | – | – | – | 10 | – | – | – | – | 0.23 |
| 유기유리 | 1.18 | 0.3 | – | – | – | 1.7 | 0.407 | – | – | 1.9 |
| 테플론 | 2.1~2.2 | – | – | – | 1.4 | 1.046 | 0.25 | 327 | – | 2.45 |
| 박달나무(섬유방향) | 0.69 | 1.6 | – | 3800 | 0.5 | – | – | – | – | 0.29 |
| (섬유에 수직) | 0.69 | 0.1 | – | – | 5 | – | – | – | – | 0.16 |
| 참나무(섬유방향) | 0.65 | 1.1 | – | 3400 | – | – | – | – | – | 0.17 |
| 종이 | 0.6~1.2 | – | – | – | – | – | – | – | – | 0.08~0.18 |
| 소나무(섬유방향) | 0.52 | – | – | 3600 | 0.5 | – | – | – | – | 0.35 |
| (섬유에 수직) | 0.52 | – | – | – | 3 | – | – | – | – | 0.14 |

표 F.14 소리의 전파속도

| 매질 | 온도[℃] | 속도[m/s] | 매질 | 온도[℃] | 속도[m/s] | 매질 | 온도[℃] | 속도[m/s] |
|---|---|---|---|---|---|---|---|---|
| 〈기체〉 | | | 〈액체〉 | | | 백금 | 20 | 2800 |
| 공기 | −45.6 | 305.6 | 글리세린 | 20 | 1923 | 주석 | 20 | 2730 |
| 공기 | 0 | 331.45 | 물 | 19 | 1505 | 용융석영 | 20 | 5760 |
| 공기 | 15.7 | 340.8 | 증류수 | 20 | 1470 | 아연 | 20 | 3850 |
| 공기 | 100 | 387.2 | 심해수 | − | ≃1530 | 알루미늄 | 20 | 5000 |
| 공기 | 1000 | 708.4 | 벤젠 | 20 | 1330 | 얼음 | 4 | 3280 |
| 메탄($CH_4$) | 0 | 432 | 석유 | 23 | 1275 | 에보나이트 | 18 | 1560 |
| 산소 | 0 | 316.2 | 수은 | 20 | 1450 | 유리(크라운) | 20 | 5342 |
| 산소 | 16.5 | 323.8 | 에틸알코올 | 20 | 1190 | 유리(플린트) | 20 | 4717 |
| 산화질소($NO$) | 0 | 325 | 메틸알코올 | 20 | 1006 | 은 | 20 | 2680 |
| 석탄가스 | 13.6 | 453 | 올리브유 | 20 | 1450 | 주철 | 실온 | 4477 |
| 수소 | 0 | 1300 | | | | 연철 | 실온 | 5189 |
| 수증기 | 100 | 471.5 | 〈고체〉 가늘고 긴 막대의 종파속도 | | | 강철 | 실온 | 5116 |
| 아산화질소($N_2O$) | 0 | 260.5 | 고무 | 실온 | 40~70 | 카드뮴 | 20 | 2310 |
| 이황산가스($SO_2$) | 0 | 209.2 | 구리 | 20 | 3810 | 코발트 | 20 | 4720 |
| 암모니아($NH_3$) | 0 | 414.8 | 금 | 20 | 2030 | 코르크 | 실온 | 500 |
| 일산화탄소($CO$) | 0 | 337.3 | 납 | 20 | 1190 | 파라핀 | 18 | 1390 |
| 질소 | 0 | 337.7 | 놋쇠(황동) | 20 | 3451 | 소나무 | 실온 | 3320 |
| 이산화탄소($CO_2$) | 0 | 259.3 | 니켈 | 20 | 4900 | | | |
| 헬륨 | 0 | 981 | 대리석 | 실온 | 3810 | | | |

표 F.15 물의 밀도

| 온도[℃] | 밀도[g/ml] | 온도[℃] | 밀도[g/ml] |
|---|---|---|---|
| 0 | 0.99987 | 55 | 0.98573 |
| 3.98 | 1.00000 | 60 | 0.98324 |
| 5 | 0.99999 | 65 | 0.98052 |
| 10 | 0.99973 | 70 | 0.97781 |
| 15 | 0.99913 | 75 | 0.97489 |
| 18 | 0.99862 | 80 | 0.97183 |
| 20 | 0.99823 | 85 | 0.96865 |
| 25 | 0.99707 | 90 | 0.96534 |
| 30 | 0.99567 | 95 | 0.96192 |
| 35 | 0.99406 | 100 | 0.95838 |
| 38 | 0.99299 | | |
| 40 | 0.99224 | | |
| 45 | 0.99025 | | |
| 50 | 0.98807 | | |

표 F.16 여러 가지 물질의 굴절률

| | | 발광원소와 파장[nm] | | | | | |
|---|---|---|---|---|---|---|---|
| | | Hg 404.66 | Hg 435.83 | H 486.13 | He 587.56 | H 656.27 | He 706.52 |
| 에틸알코올 | | 1.3729 | 1.3698 | 1.3662 | 1.3618 | 1.3591 | 1.3585 |
| 칼륨암염(sylvine) | | 1.50994 | 1.50457 | 1.49820 | 1.49033 | 1.48709 | 1.48551 |
| 암염 | | 1.56664 | 1.56055 | 1.55333 | 1.54437 | 1.54062 | 1.53882 |
| 광학유리 | FK5 | 1.49894 | 1.49593 | 1.49227 | 1.48749 | 1.48535 | 1.48410 |
| | BK7 | 1.53024 | 1.52669 | 1.52238 | 1.51680 | 1.51432 | 1.51289 |
| | K5 | 1.53738 | 1.53338 | 1.52860 | 1.52249 | 1.51982 | 1.51829 |
| | F2 | 1.65063 | 1.64202 | 1.63208 | 1.62004 | 1.61503 | 1.61227 |
| | SE10 | 1.77578 | 1.76197 | 1.74648 | 1.72825 | 1.72085 | 1.71682 |
| 수정(상광선) | | 1.557061 | 1.553772 | 1.549662 | 1.544289 | 1.541873 | 1.540598 |
| 수정(이상광선) | | 1.56667 | 1.56318 | 1.55896 | 1.55339 | 1.55089 | 1.54957 |
| 이황화탄소($CS_2$) | | 1.6934 | 1.6742 | 1.65225 | 1.62804 | 1.61820 | 1.6136 |
| 피리딘 | | 1.5399 | 1.5313 | 1.5219 | 1.5095 | 1.5050 | 1.5028 |
| 벤젠 | | 1.5318 | 1.52319 | 1.51320 | 1.50155 | 1.49680 | 1.4943 |
| 방해석(상광선) | | 1.68137 | 1.67522 | 1.66786 | 1.65850 | 1.65441 | 1.65228 |
| 방해석(이상광선) | | 1.49693 | 1.49417 | 1.49080 | 1.48648 | 1.48462 | 1.48271 |
| 형석($CaF_2$) | | 1.441512 | 1.439494 | 1.437297 | 1.433872 | 1.432483 | 1.431778 |
| 물 | | 1.342742 | 1.340201 | 1.337123 | 1.333041 | 1.331151 | 1.33014 |

# REFERENCES
## 참고문헌

1. JCGM 100:2008, Evaluation of measurement data-Guide to the expression of uncertainty in measurement.

2. P. R. Bevington and D. K. Robinson, Data Reduction and Error Analysis for the Physical Sciences, 2nd ed., McGraw-Hill, 1992.

3. J. R. Taylor, An Introduction to Error Analysis, 2nd ed., University Science Books, USA, 1997.

4. 버니어캘리퍼, 마이크로미터 사용자 설명서, Mitutoyo Corporation.

5. 송인명·박승재 외 4명, 새로운 물리학실험, 탐구당, 1973.

6. 실험물리학교재연구회, 대학물리학실험법, 집현사, 1985.

7. Halliday, Resnick, Walker, 일반물리학 개정 9판, 범한서적주식회사, 2012.

8. Randall D. Knight, 대학물리학 4판, 청문각, 2019.

9. IOLab 홈페이지, https://www.iolab.science/index.html

10. Tracker 홈페이지, https://physlets.org/tracker/

11. Digital Oscilloscope, https://www.sciencedirect.com/topics/engineering/digital-oscilloscope

12. 디지털 오실로스코프 이론, 로데슈바르즈코리아.
    http://ebook.pldworld.com/_eBook/-%EA%B3%84%EC%B8%A1%EA%B8%B0-/Rohde-Schwarz/board/10604485953bbb8b0194ea.pdf

13. The NIST reference on Constants, Units, and Uncertainty,
    https://physics.nist.gov/cuu/Constants/index.html